Veröffentlichungen aus der
Geomedizinischen Forschungsstelle
(Leiter: Professor Dr. Dr. h. c. mult. G. Schettler)
der Heidelberger Akademie der Wissenschaften

Supplement zu den Sitzungsberichten der
Mathematisch-naturwissenschaftlichen Klasse
Jahrgang 1988

G. Schettler   D. Marmé (Hrsg.)

Wachstumsfaktoren und Onkogenprodukte bei Entstehung und Regression der Arteriosklerose

Mit 19 Abbildungen

Springer-Verlag Berlin
Heidelberg GmbH

Prof. Dr. Dr. h. c. mult. Gotthard Schettler
Präsident der Heidelberger Akademie der Wissenschaften
Karlstraße 4, D-6900 Heidelberg

Prof. Dr. Dieter Marmé
Institut für Biologische Forschung, Gödecke AG
Mooswaldallee 1–9, D-7800 Freiburg

Arbeitskonferenz der Gesellschaft für Strahlen- und Umweltforschung in der Heidelberger Akademie der Wissenschaften am 26. 1. 1988

CIP-Titelaufnahme der Deutschen Bibliothek
Wachstumsfaktoren und Onkogenprodukte bei Entstehung und Regression der Arteriosklerose: [Arbeitskonferenz d. Ges. für Strahlen- u. Umweltforschung in d. Heidelberger Akad. d. Wiss. am 26. 1. 1988] / G. Schettler; D. Marmé (Hrsg.). – Berlin; Heidelberg; New York; London; Paris; Tokyo: Springer, 1988
 (Supplement zu den Sitzungsberichten der Mathematisch-Naturwissenschaftlichen Klasse / Heidelberger Akademie der Wissenschaften; Jg. 1988) (Veröffentlichungen aus der Geomedizinischen Forschungsstelle der Heidelberger Akademie der Wissenschaften)

NE: Schettler, Gotthard [Hrsg.]; Gesellschaft für Strahlen- und Umweltforschung ⟨Neuherberg, Schleissheim⟩; Heidelberger Akademie der Wissenschaften / Mathematisch-Naturwissenschaftliche Klasse: Sitzungsberichte der Mathematisch-Naturwissenschaftlichen Klasse, Heidelberger Akademie der Wissenschaften / Supplement

ISBN 978-3-540-50286-9   ISBN 978-3-662-02553-6 (eBook)
DOI 10.1007/978-3-662-02553-6

Satz: K+V Fotosatz GmbH, Beerfelden

2125/3140-543210 – Gedruckt auf säurefreiem Papier

Inhaltsverzeichnis

Mitarbeiterzeichnis

Betz, E., Prof. Dr.
Physiologisches Institut (I), Universität Tübingen
Gmelinstr. 5, D-7400 Tübingen

Grünwald, J., Dr.
Institut für Arterioskleroseforschung, Universität Münster
Domagkstr. 3, D-4400 Münster

Habenicht, A. J. R., PD Dr.
Innere Medizin, Universitätsklinik
Bergheimerstr. 58, D-6900 Heidelberg

Kübler, W., Prof. Dr.
Abt. Kardiologie, Universität Heidelberg
Bergheimerstr. 58, D-6900 Heidelberg

Ladwig, K. H., Dr.
Bereich Projektträgerschaften
Gesellschaft für Strahlen- und Umweltforschung mbH
Ingoldstädter Landstr. 1, D-8042 Neuherberg

Marmé, D., Prof. Dr.
Institut für Biologische Forschung, Gödecke AG
Mooswaldallee 1−9, D-7800 Freiburg

Mautner, J., Dr.
Abt. Kardiologie, Universität Heidelberg
Bergheimerstr. 58, D-6900 Heidelberg

Müller, R., Prof. Dr.
Institut für Molekularbiologie und
Tumorforschung Marburg
Emil-Mankopfstr. 1, D-3550 Marburg

Pfeilschifter, J., Dr.
Abteilung Innere Medizin I, Endokrinologie und
Stoffwechsel, Universitätsklinik Heidelberg
Bergheimerstr. 58, D-6900 Heidelberg

Schettler, G., Prof. Dr. Dr. h.c. mult.
Heidelberger Akademie der Wissenschaften
Karlstr. 4, D-6900 Heidelberg

Schlierf, G., Prof. Dr.
Institut für Herzinfarktforschung, Universität Heidelberg
Bergheimerstr. 58, D-6900 Heidelberg

Schuler, G., Dr.
Abteilung für Kardiologie, Universität Heidelberg
Bergheimerstr. 58, D-6900 Heidelberg

Schweigerer, L., Dr.
Station II, Universitäts-Kinderklinik
Im Neuenheimer Feld 150, D-6900 Heidelberg

Wülfroth, P., Dr.
Institut für Arterioskleroseforschung, Universität Münster
Domagkstr. 3, D-4400 Münster

von Weizsäcker, F., Dr.
Abteilung Innere Medizin II, Universitätsklinikum
Hugstetter Str. 55, D-7800 Freiburg

Einführung

G. Schettler

Die Bundesregierung hat ein Programm zur Forschung und Entwicklung im Dienste der Gesundheit aufgelegt. Eine Gruppe von Fachleuten befaßte sich mit der möglichen Rolle von Wachstumsfaktoren und Onkogenprodukten bei Entstehung und Regression der Arteriosklerose. Diese Krankheit ist in der industrialisierten Welt immer noch mit Abstand am häufigsten vertreten. Aber auch in den Bevölkerungen der sogenannten Dritten und Vierten Welt greift sie immer mehr um sich. Es ist daher ein besonderes Anliegen aller der mit Gesundheitsfragen befaßten Gruppen, die Entstehung der Arteriosklerose als der wesentlichen Grundkrankheit für die degenerativen Herz- und Gefäßstörungen in ihrer Entstehung, in ihren Verlaufsformen und Spielarten besser zu erkennen. Ziel muß es sein, durch Vorsorgemaßnahmen und durch die Verbesserung therapeutischer Verfahren für den Einzelnen lebenswerte Jahre zu gewinnen. Das wird natürlich positive Auswirkungen auf die gesamte Bevölkerung haben. Die Ergebnisse aller dieser Bemühungen sind bereits jetzt in bestimmten Regionen der industrialisierten Welt sichtbar. So ist die Zahl der tödlichen Herzinfarkte und Hirnschläge in den USA, Kanada, Australien und in einigen nordeuropäischen Regionen drastisch zurückgegangen. Die Erfolge beruhen in erster Linie darauf, daß Krankheitsrisiken bzw. krankmachende Faktoren in der Gesellschaft aufgespürt wurden, um sie einer entsprechenden Behandlung zuzuführen. Neben diesen positiven Ergebnissen der Präventivmedizin sind natürlich auch bemerkenswerte Fortschritte der medikamentösen und chirurgischen Verfahren dafür verantwortlich zu machen. Auf dem Gebiete der Kardio-Angiologie sind diese Erfolge besonders bemerkenswert.

Die Präventivmedizin geht vom sogenannten Risikokonzept aus, das sich bei vernünftiger Definition auch heute noch als wichtiger programmatischer Ansatz erweist. Chronischer Hochdruck, Störungen des Fettstoffwechsels, Diabetes, alle gefördert durch massives Übergewicht und Bewegungsmangel, schließlich Zigarettenrauchen und maßloser Alkoholgenuß sind die hauptsächlichen Schrittmacher einer fortschreitenden Arteriosklerose. Das haben uns Untersuchungen auf dem Gebiet der Epidemiologie, aber auch in der täglichen ärztlichen Praxis gezeigt. Bemerkenswert sind z. B. Beobachtungen in China, ferner in Ländern der pazifischen Randstaaten, daß schwere Formen der Arteriosklerose und tödliche Herzinfarkte ungemein selten sind. Dies ist eine Folge des gegenüber industriellen Ländern erheblich veränderten Lebensstiles.

Erstaunlicherweise fehlen uns aber noch immer Erkenntnisse zur Pathogenese der Gefäßveränderungen auf feingeweblicher Ebene. Die Grundvorgänge der Arterioskleroseentstehung wurden schon im letzten Jahrhundert durch Virchow und Rokitansky und später durch Anitschkow beschrieben. Es ist nun bemerkenswert, daß die alten Konzepte mit den heute möglichen verfeinerten Methoden sämtlich bestätigt wurden. So sind zelluläre Vorgänge im Sinne Virchows und Veränderungen der Körpersäfte, einschließlich von Gerinnungsprozessen im Sinne Rokitanskys, heute in den wichtigsten Forschungsprogrammen vertreten. Auch die Bedeutung pathologischer Veränderungen der Blutfette und gewisser komplexer Eiweißfettverbindungen, wie sie von Anitschkow schon zu Anfang des Jahrhunderts erkannt wurden, wurde zur wichtigen Arbeitshypothese. Heute sind diese Hypothesen aber zu gesicherten Fakten geworden.

Neue Ergebnisse der Molekularbiologie haben uns Einblicke in die anfänglichen Läsionen der Arteriosklerose gegeben, die sich einmal an den Grenzflächen der Endothelien abspielen, zum anderen auch die darunterliegenden Gefäßwandschichten betreffen. Im letzten Jahre traf sich eine Expertengruppe in der Heidelberger Akademie der Wissenschaften, um Wege der molekularen Biologie der Arterienwand darzustellen. Lipoproteine und Lipoproteinrezeptoren, weiße Blutzellen, Endozythose und Exozythose glatter Muskelzellen und Endothelzellen, Prostaglandine und Leukotriene, aber auch ONC-Gene und Wachstumsfaktoren waren Gegenstand ausgedehnter Diskussionen.

In Anbetracht der vorgelegten Ergebnisse ist es absolut gerechtfertigt, auf diesem Gebiete weiterzuarbeiten. So dient diese Konferenz einmal einer weiteren Bestandsaufnahme, zum anderen aber zur Erarbeitung möglicher Konzepte einer Verbundforschung. In unserem Lande gibt es hochrangige Einrichtungen auf dem Gebiete der Molekularbiologie. Ihre Kräfte und Möglichkeiten sollten genutzt werden, um einen eigenständigen Beitrag auf einem hochaktuellen Gebiete der Wissenschaft zu leisten. Die Heidelberger Akademie der Wissenschaften hält sich bereit zu weiteren Gesprächen.

Behandlung der koronaren Herzerkrankung durch fettarme Diät und regelmäßiges körperliches Training

G. Schuler, G. Schlief, J. Mautner und W. Kübler

Die Reduktion des Fettkonsums und regelmäßiges körperliches Training sind wesentliche Bestandteile der meisten Rehabilitationsprogramme für Patienten mit koronarer Herzerkrankung. Durch diese Behandlung wird in vielen Fällen eine Steigerung der körperlichen Leistungsfähigkeit und eine Anhebung der Angina-Schwelle erreicht. Die Mechanismen, die diesen Verbesserungen zugrunde liegen, werden in den peripheren Adaptationsmechanismen vermutet, wie z. B. Zunahme der Kapillardichte und der arteriovenösen Sauerstoffdifferenz im Skelettmuskel. Es ist jedoch bisher unklar, ob neben dieser symptomatischen Besserung eine causale Beeinflussung der koronaren Herzkrankheit möglich ist. Im Tierversuch konnte gezeigt werden, daß nach Normalisierung initial erhöhter Serum-Lipidwerte eine Rückbildung von Atheromen möglich ist [1], und auch in Interventionsstudien an großen Patientenkollektiven konnte die Häufigkeit von Myocardinfarkten vermindert und die Progression der koronaren Herzkrankheiten verlangsamt werden [2, 3].

In der folgenden Studie wurde die Hypothese getestet, daß durch eine Kombination von fettarmer Diät und regelmäßigem körperlichem Training nicht nur eine periphere Adaptation, sondern auch eine Verbesserung der myocardialen Perfusion erreicht werden kann.

Methoden

Patientenkollektiv. Alle männlichen Patienten, die zwischen 1983 und 1984 an der Medizinischen Universitätsklinik Heidelberg wegen pectanginösen Beschwerden koronarangiographiert wurden, kamen für die Teilnahme an der Studie in Frage. Ausgeschlossen wurden Patienten mit instabiler Angina pectoris, Hauptstammstenose, hochgradig eingeschränkter linksventrikulärer Funktion, Vitien, insulinpflichtiger Diabetes mellitus, unkontrollierter Hochdruck und primärer Hypercholesterinämie. Patienten, die innerhalb eines Radius von 20 km von Heidelberg wohnten, wurden der Interventionsgruppe zugeordnet. Patienten, deren Wohnort weiter entfernt lag, wurden in der Kontrollgruppe zusammengefaßt.

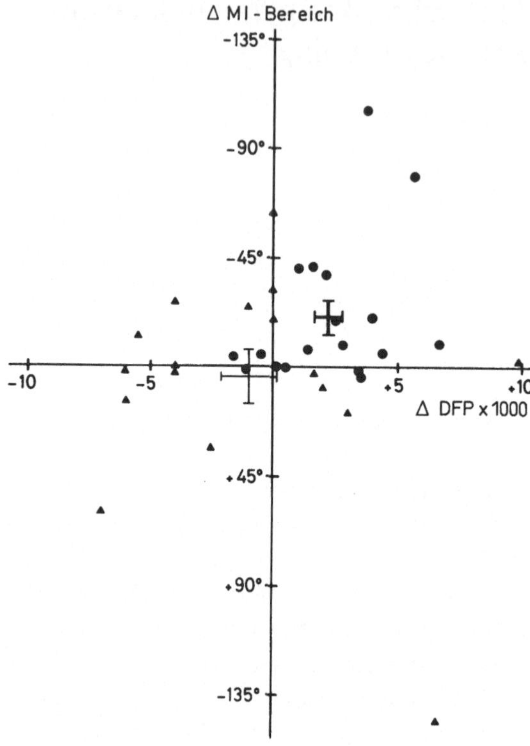

Abb. 1. Änderung des Druck-Frequenz-Produkts (DFP)/Änderung der streß-induzierten Myocardischämie (MI). In der Interventionsgruppe nahm die belastungsinduzierte Ischämie (in Grad der linksventrikulären Circumferenz) signifikant ab (⊞ Mittelwert, Standardabweichung), obwohl gleichzeitig das maximal erreichbare DFP, und damit der myocardiale O_2-Verbrauch signifikant zunahm. In der Kontrollgruppe (▲) wurden keine signifikanten Änderungen beobachtet (⊞ Mittelwert, Standardabweichung)

Labormethoden. Das Ausmaß der belastungsinduzierten myocardialen Durchblutungsstörung wurde mit Hilfe der Thallium-201-Szintigraphie abgeschätzt; das maximal erreichte Druck-Frequenz-Produkt (Herzfrequenz × systolischer Blutdruck) diente als Maß für den myocardialen Sauerstoffverbrauch [4]. Die Serum-Lipide wurden enzymatisch im Serum bestimmt.

Interventionsprogramm. Patienten, die der Interventionsgruppe zugeordnet worden waren, wurden für die ersten drei Wochen stationär aufgenommen, um sie an die fettarme Ernährung zu gewöhnen und um vor allem das Training unter ärztlicher Aufsicht durchzuführen. Nach der Entlassung wurden die Patienten aufgefordert, täglich für mindestens 20 Minuten auf einem Fahrradergometer zu trainieren, wobei ihre Herzfrequenz bei 75% der maximalen Herzfrequenz liegen sollte. Zusätzlich fand zweimal in der Woche ein einstündiges Gruppentraining statt. Die Einhaltung der fettarmen Diät wurde durch regelmäßig durchgeführte Diätprotokolle und Laboruntersuchungen überprüft. Lipidsenkende Substanzen wurden nicht verordnet.

Kontrollgruppe. Die medizinische Betreuung der Kontrollpatienten wurde im wesentlichen den Hausärzten der Patienten überlassen, sie wurden jedoch gebeten, keine Lipidsenker einzunehmen.

Tabelle 1. Metabolische Variablen

Variable		Beginn	Durchschnitt (6. – 12. Monat)	p/Beginn	p/Kontrolle
Interventionsgruppe (n = 18)					
Body Mass Index	(kg/m²)	26,1 ± 2,8	24,5 ± 3,0	< 0,0002	< 0,05
Cholesterin	(mg/dl)	242 ± 32	198 ± 27	< 0,0002	< 0,002
LDL	(mg/dl)	147 ± 37	130 ± 28	< 0,05	< 0,002
VLDL	(mg/dl)	37 ± 46	19 ± 12	< 0,05	< 0,05
HDL	(mg/dl)	38.7 ± 6,3	41,1 ± 6,8	ns	ns
Triglyceride $	(mg/dl)	151 (87 – 303)	117 (71 – 304)	< 0,005	< 0,01
CHOL/HDL		6,4 ± 1,3	4,9 ± 0,9	< 0,002	< 0,002
Kontrollgruppe (n = 17)					
Body Mass Index	(kg/m²)	26,0 ± 2,5	26,2 ± 2,6	ns	
Cholesterin	(mg/dl)	243 ± 30	249 ± 41	ns	
LDL	(mg/dl)	150 ± 42	169 ± 34	< 0,01	
VLDL	(mg/dl)	39 ± 28	32 ± 29	< 0,05	
HDL	(mg/dl)	35,7 ± 6,8	37,2 ± 8,0	ns	
Triglycerides $	(mg/dl)	175 (93 – 350)	148 (95 – 1043)	< 0,05	
CHOL/HDL		7,0 ± 1,5	7,2 ± 2,1	ns	

$: Medianwerte; p/Beginn: Durchschnitt/Beginn; p/Kontrolle: Durchschnitt Intervention/Durchschnitt Kontrolle.

Tabelle 2. Kardiale Variablen

Variable		Beginn	12 Monate	Änderung
Interventionsgruppe (n = 18)				
Maximales HF × RR	(× 1000)	25,0 ± 6,3	27,2 ± 5,3** #	+ 2,2 ± 2,3 # #
Tl-201 Ischämie	(Grad)	39 ± 31	18 ± 20*	− 21 ± 30
Kontrollgruppe (n = 17)				
Maximales HF × RR	(× 1000)	24,1 ± 5,2	23,1 ± 6,1	− 1,0 ± 4,7
Tl-201 Ischämie	(Grad)	30 ± 21	34 ± 37	+ 4 ± 46

HF × RR: maximales Druck-Frequenz-Produkt unter Belastung.
TL-201 Ischämie: Belastungsinduzierter Perfusionsdefekt in Grad der LV Circumferenz.
  ** $p < 0.01$ gegen Beginn.
  # $p < 0.05$ gegen Kontrolle.
$p < 0.01$ gegen Kontrolle.

Resultate

Die wichtigsten Resultate der Untersuchung sind in Tabelle 1 und 2 zusammengefaßt. Tabelle 1 umfaßt die metabolischen Variablen, Tabelle 2 die Änderung des maximalen Druck-Frequenz-Produktes unter Belastung und der streß-induzierten Myocardischämie.

Diskussion

Die Resultate dieser Studie zeigen, daß regelmäßiges körperliches Training und fettarme Ernährung bei Patienten mit koronarer Herzerkrankung zu einer deutlichen Senkung der belastungsinduzierten Myocardischämie führt. Nach einer einjährigen Behandlung hatte der myocardiale Sauerstoffverbrauch — abgeschätzt durch das maximale Druck-Frequenz-Produkt — signifikant zugenommen, während gleichzeitig eine Abnahme des belastungsinduzierten Perfusionsdefektes festgestellt wurde. Diese Änderungen lassen sich nicht plausibel durch periphere Adaptationsmechanismen erklären. Da das maximale Sauerstoffangebot an den Herzmuskel infolge der Koronarstenosen fixiert ist, kommt es beim einzelnen Patienten bei Erreichen der Ischämieschwelle zu den entsprechenden Veränderungen im EKG und im Tl-201 Szintigramm. Eine Zunahme des maximalen Druck-Frequenz-Produktes bei gleichzeitiger Abnahme der ischämischen Korrelate im Tl-201 Szintigramm kann deshalb nur durch eine verbesserte Myocardperfusion erklärt werden. Diese Studie erlaubt jedoch keine Aussage darüber, ob dies durch eine Rekrutierung von Kollateralen oder durch eine Regression von Atheromen erreicht wurde.

Diese Form der Behandlung kommt prinzipiell für alle Patienten mit stabiler Angina pectoris in Frage, welche zu einem eigenen Beitrag zu ihrer Behandlung motiviert werden können. Im Vergleich zu den palliativen Behandlungsformen, wie aortocoronare Bypass-Operation und Ballon-Dilatation, wird mit dieser Intervention eine causale Therapie versucht.

Literatur

1. Kramsch DM, Aspen AJ, Abramowitz BM, Kreimendahl T, Hood WB (1981) Reduction of coronary atherosclerosis by moderate conditioning exercise in monkeys on atherogenic diet. N Engl J Med 30:1483
2. Rifkind BM (1984) Lipid research clinics coronary primary prevention trial: Results and implications. Am J Cardiol 54:30C
3. Brensike, JF, Levy RI, Kelsey SF, et al. (1984) Effects of therapy with cholestyramine on progression of coronary atherosclerosis: Results of the NHLBI type II coronary intervention study. Circulation 69:313
4. Schuler, G., Schlierf, G., Wirth A (1988) Low-fat diet and regular, supervised physical exercise in patients with symptomatic coronary artery disease: Reduction of stress induced myocardial ischemia. Circulation 77:172

Neue Aspekte der Pathogenese kardiovaskulärer Erkrankungen

A. J. R. Habenicht

Obwohl wir nach wie vor von einem detaillierten Verständnis der Pathogenese kardiovaskulärer Erkrankungen [1] entfernt sind, wurden während der letzten 10 Jahre Erkenntnisse gewonnen, die neues Licht auf die möglichen molekularen Mechanismen der Erkrankung werfen und die potentiell die Entwicklung neuer Forschungs- und Therapiestrategien ermöglichen. Diese Erkenntnisse wurden vor allem mit Hilfe von in vitro Systemen (Zellkultur und Identifikation/Charakterisierung biologisch aktiver Moleküle) gewonnen. Hieraus ergeben sich mehrere neue Herausforderungen an die Forschung: Sind die Erkenntnisse der in vitro Systeme repräsentativ für das Geschehen in vivo? Sind die wenigen experimentellen in vivo Systeme repräsentativ für die Erkrankung des Menschen? Da die Arteriosklerose eine Erkrankung ist, die sich nicht spontan, sondern vor allem nach langjähriger Einwirkung der Risikofaktoren (Hypertonie, Hypercholesterinämie, Nikotinabusus, Diabetes Mellitus, Adipositas) manifestiert, ergibt sich hieraus außerdem die Notwendigkeit, die Mediatoren dieser Risikofaktoren zu identifizieren (siehe unten).

Die Pathogenese der Arteriosklerose ist durch folgende Prozesse gekennzeichnet:

1. Interaktion weißer Blutzellen mit dem Endothel

Experimentelle Arteriosklerosemodelle (z. B. die Fütterung von Tieren mit Cholesterin-reicher Diät) zeigen, daß es innerhalb von wenigen Tagen bis Wochen zur Adhäsion zahlreicher weißer Blutzellen − insbesondere Monozyten − an das intakte Endothel kommt [2]. *Die molekularen Mechanismen dieser initialen Veränderungen sind aber nach wie vor unbekannt* [2]. Es müssen daher die Mechanismen der Interaktion von weißen Blutzellen an das Endothel [3] unter verschiedenen experimentellen Bedingungen untersucht werden und Strategien entwickelt werden, wie diese Faktoren identifiziert werden können.

2. Infiltration der Zellen in die Intima der Arterienwand

Die gerichtete Migration (Chemotaxis) der Blutzellen [4, 5, 18] aus der Zirkulation in die innere Schicht der Gefäßwand (Intima) impliziert, daß von der Arterienwand (funktionell geschädigtes Endothel?) Stimuli ausgehen, die die Zellen veranlassen, die Gefäßwand zu verlassen und die intakte Endothelzellschranke zu überwinden. Obwohl *in vitro* (mit Hilfe kultivierter Zellen) chemotaktische Substanzen identifiziert wurden, die über entsprechende biologische Aktivitäten verfügen [6, 10, 18], ist bisher nicht geklärt, welche Substanzen *in vivo* funktionell relevant sind. Die Identifikation der chemotaktischen Substanzen unter in vivo Bedingungen stellen aber eine wesentliche Voraussetzung von Inhibitoruntersuchungen dieses möglicherweise initialen Mechanismus der Pathogenese der Arteriosklerose dar.

3. Transformation von Monozyten zu Makrophagen

Die Migration der Zellen in die Intima ist von einem Differenzierungsprozeß der Zellen zu Makrophagen gefolgt [5, 8, 9], dessen *biologisch relevante* Mediatoren unbekannt sind [15−17]. Terminal differenzierte Gewebsmakrophagen sind außerordentlich stoffwechselaktive Zellen, die zahlreiche biologisch aktive Moleküle synthetisieren können (Beispiele in Tabelle 1) [12, 14, 18]. Diese bereits bekannten oder noch unbekannten Substanzen könnten eine wesentliche Rolle bei der Modulation der Arterienwand während der initialen Stadien der Erkrankung spielen. Es ist daher wichtig, die Mechanismen der Differenzierung von Monozyten zu Makrophagen in vitro zu untersuchen. Mehrere Modellkultursysteme der Makrophagendifferenzierung sind während der letzten Jahre entwickelt worden [8, 9]. In vitro Differenzierungssysteme können auch verwendet werden, um sowohl die Syntheseleistungen als auch funktionelle Parameter (z. B. Phagozytose, Abtötung anderer Zellen) der Zellen zu charakterisieren.

Tabelle 1. Beispiele für Sekretionsprodukte differenzierter Makrophagen

---

a) *Biologisch aktive Lipide.* Leukotriene, Thromboxan, Prostacyclin, Prostaglandin E_2, Platelet-Activating Factor.

b) *Sauerstoffmetabolite.* Sauerstoffsuperoxid, Wasserstoffperoxid, Hydroxylradikale.

c) *Wachstumsfaktoren, Differenzierungsfaktoren und andere Hormone.* Interleukin I, Tumor Necrosis Factor, Fibroblast Growth Factor, Platelet-Derived Growth Factor, ACTH, Vitamin D_3, Transforming Growth Factor β, Gamma-Interferon.

d) *Enzyme.* Plasminogenaktivatoren, Lysozym, Kollagenase, Proteasen, Lipasen.

---

4. Migration glatter Muskelzellen aus der mittleren Schicht der Arterienwand (Media) in die Intima

Erst nachdem weiße Blutzellen in der Intima identifiziert werden können, wandern glatte Muskelzellen aus der Media in die Intima ein. Diese Migration der glatten Muskelzellen impliziert die Existenz chemotaktisch aktiver Substanzen für glatte Muskelzellen in der Intima. Die Natur dieser Substanzen ist bisher ungeklärt, obwohl in vitro Faktoren identifiziert wurden, die chemotaktische Aktivitäten gegenüber glatten Muskelzellen besitzen [6, 7].

5. Proliferation glatter Muskelzellen in der Intima der Arterienwand

Die Migration der glatten Muskelzellen aus der Media in die Intima ist von einer drastischen Proliferation der Zellen gefolgt. Diese Proliferation wird durch Wachstumsfaktoren ermöglicht. *Die Identifikation der für die Arteriosklerose relevanten Wachstumsfaktoren und deren Rezeptoren ist bisher nicht gelungen.* Es kommen mehrere gut charakterisierte Wachstumsfaktoren (peptide growth factors) [6, 7, 10] in Frage (Platelet-Derived Growth Factor, basic Fibroblast Growth Factor, Transforming Growth Factor β, Epidermal Growth Factor). Die durch Wachstumsfaktoren induzierten Stoffwechselveränderungen (z. B. Signaltransmissionsmechanismen) sind von besonderem Interesse [6, 13, 19–21]. Die „Progression Factors" wie Insulin-like Growth Factors (Somatomedine) müssen in diesem Zusammenhang ebenfalls berücksichtigt werden. Andere Faktoren wie Cytokine, Interferone u. a. könnten die Synthese von Wachstumsfaktoren durch Zellen stimulieren oder modulieren, die in proliferativen Läsionen gefunden werden (z. B. Endothelzellen und Makrophagen).

Tabelle 2. Potentiell bedeutende Wachstumsfaktoren, Progressionsfaktoren und Differenzierungsfaktoren

Platelet-Derived Growth Factor
Basic Fibroblast Growth Factor
Transforming Growth Factor β
Epidermal Growth Factor
Somatomedine (Insulin-like Growth Factors)
Macrophage Colony Stimulating Factor
Granulocyte Colony Stimulating Factor
Granulocyte-Macrophage Colony Stimulating Factor
Interleukin I – III
B Cell Growth and Differentiation Factors
Gamma Interferon
$1,25\,(OH)_2$ Vitamin D_3

Aus den während der letzten Jahre gewonnenen Erkenntnissen kann abgeleitet werden, daß eine zukünftige Forschung auf dem Gebiet der Pathogenese kardiovaskulärer Erkrankungen mit mehreren Forschungsrichtungen zusammenarbeiten muß, um die genannten Fragen zu beantworten:

Tabelle 3. Beispiele biologischer Aktivitäten von
Platelet-Derived Growth Factor

Mitogen für glatte Muskelzellen, Gliazellen,
  Fibroblasten und Calvariazellen
Reorganisation von Aktinfilamenten
Tyrosinspezifische Phosphorylierung des PDGF
  Rezeptors
Aktivierung der Phospholipase C
Aktivierung der PGH Synthase
Induktion des LDL Rezeptors
Chemotaktisch gegenüber glatten Muskelzellen

A. *Mit der hämatologischen Forschung* zur Charakterisierung von Gewebsmakrophagen und deren Interaktion mit anderen weißen Blutzellen (z. B.: welche Gene
werden in vitro und in vivo in Makrophagen und anderen weißen Blutzellen z. B.
T-Lymphozyten aktiviert? Welche Produkte werden in biologisch aktiver Form
freigesetzt? Welche Gene [8] regulieren die Differenzierung von Vorläuferzellen zu
Makrophagen? [22]).

B. *Mit der Krebsforschung* auf dem Gebiet der Wachstumsfaktoren und Onkogene zur Klärung der Frage nach der Funktion bestimmter bekannter Wachstumsfaktoren und der Identifikation bisher unbekannter Wachstumsfaktoren bzw. deren Rezeptoren und deren Wirkmechanismus (z. B. Existenz möglicher autokriner
und parakriner Wachstumsloops?).

C. *Mit der Immunologie* zur Klärung der Frage nach der Rolle von immunkompe-
tenten Zellen (T-Lymphozyten, Makrophagen und evtl. B-Lymphozyten) und im-
munologischer Mechanismen bei der Modulation der Arterienwand (z. B. Funktion von Cytokinen wie Tumor Necrosis Factor, Gamma-Interferon und Interleu-
kinen?).

D. Neben diesen grundlegenden Problemstellungen wird es wichtig sein, neue *in
vivo Modelle der Arterioskleroseforschung* zu etablieren. Es ist nicht eindeutig geklärt, ob die bisher zur Verfügung stehenden in vivo Modellsysteme repräsentativ
für die Pathogenese der Arteriosklerose des Menschen sind. Die zu entwickelnden
Modelle werden auch im Hinblick auf die Testung parallel zu entwickelnder Therapiestrategien verwendet werden können.

Literatur

1. Habenicht AJR, Goerig M, Schettler G (1984) Klin Wochenschr 62:241−253
2. Ross R (1986) New Engl J Med 314:488−500
3. Schweigerer L (1988) Klin Wochenschr (in press)
4. Gerrity RG (1980) Am J Pathol 103:191−200
5. Unuane I (1980) N Engl J Med 303:977−985
6. Heldin C-H, Westermark B (1984) Cell 37:9−20
7. Sporn MB, Roberts AB (1987) J Clin Invest 78:329−332
8. Beug H, Blundell PA, Graf T (1987) Gen Develop 1:277−286
9. Goerig M, Habenicht AJR, Heitz R et al. (1987) J Clin Invest 79:903−911
10. Habenicht AJR, Goerig M (1985) Dtsch Ärztebl 11 (Editorial)
11. Growth Factors, Differentiation Factors, and Cytokines (Habenicht AJR ed.) (1989) Springer, Berlin Heidelberg New York (in preparation)
12. Nathan CF (1987) J Clin Invest 79:319−326
13. Habenicht AJR, Dresel A, Goerig M, Weber J, Glomset JA, Ross R, Schettler G (1986) Proc Natl Acad Sci USA 83:1344−1348
14. Habenicht AJR, Goerig M, Rothe D, Gronwald R, Loth U, Schettler G, Kommerell B, Ross R (1985) J Clin Invest 75:1381−1387
15. Clark ST, Kamen R (1987) Science 236:1226−1237
16. Dinarello CA, Mier JW (1987) N Engl J Med 317:940−945
17. Sieff CA (1987) J Clin Invest 79:1549−1557
18. Samuelsson B, Dahlen S-E, Lindgren JA, Rouzer CA, Serhan CN (1987) Science 237:1171−1176
19. Habenicht AJR, Glomset JA, King WC, Nist C, Mitchell CD, Ross R (1981) J Biol Chem 256:12329−12335
20. Ross R, Raines EW, Bowen-Pope DF (1986) Cell 46:155−169
21. Habenicht AJR, Glomset JA, Goerig M, Gronwald R, Grulich J, Loth U, Schettler G (1985) J Biol Chem 260:1370−1373
22. Habenicht AJR, Goerig H, Rothe DER, Specht E, Ziegler R, Glomset JA, Graf T (1989) Proc Natl Acad Sci USA (in press)

Die Kombination von in vivo- und in vitro-Modellen in der Atherosklerose-Forschung

E. Betz

Bei dem von Baumgartner und Studer (1963) entwickelten Atherosklerosemodell, auf dem die Response/Injury-Hypothese der Atherogenese aufbaut, wird angenommen, daß die Proliferation von Gefäßmuskelzellen in der Intima durch Stoffe und Zellen hervorgerufen wird, welche aus dem Blut in die schwer geschädigte Gefäßwand eindringen. Dies ist leichter möglich als bei ungeschädigter Gefäßwand, denn durch die Ballonisierung des Gefäßes, in welchem das Proliferat entstehen soll, wird nicht nur das Endothel zerstört, sondern es werden auch die darunter gelegenen Strukturen (z. B. Lamina elastica interna und glatte Muskelzellen) schwer geschädigt. Die Response/Injury-Hypothese ist in diesem Symposium von Habenicht im Detail dargestellt worden.

Bei dem in Tübingen entwickelten Modell zur Erzeugung eines Intimaproliferats durch wiederholte Reizung der Gefäßwand mit sehr schwachen elektrischen Reizimpulsen bleibt das Endothel erhalten (Betz und Schlote 1979, Betz und Hämmerle 1984), aber trotzdem kommt es zur Ausbildung eines Intimaproliferats. Dies besteht 1) aus Gefäßmuskelzellen, die aus der Media an der anodennahen Reizstelle in die Intima einwandern, dort proliferieren und Matrixmaterial bilden, sowie 2) aus Leukozyten, deren Zahl anfangs höher ist als im voll ausgebildeten Proliferat und außerdem davon abhängt, ob bei den Versuchstieren eine Hyperlipidämie besteht. Wenn die Tieren (Kaninchen) 0,5% oder 1% Cholesterin im Futter erhalten, so wird das Proliferat ein typisches Atherom. Die Zahl der Makrophagen im Proliferat ist dann etwa fünfmal höher als in einer fibromuskulären Plaque, welche bei cholesterinarm ernährten Tiern entsteht und ca. 5% Makrophagen enthält (Kling et al. 1987).

Dieses Modell zur Erzeugung eines atheromatösen Proliferats eignet sich in besonderer Weise dafür, jedes Stadium der Plaque-Entwicklung zu kontrollieren. Für die Beobachtung der Atherogenese hat sich die Arteria carotis von Kaninchen als Modellgefäß bewährt. Bei den Tieren werden in einer einfachen und harmlosen Operation kleine Elektroden so an die Außenseite des Gefäßes angebracht, daß transmurale Reizung des Gefäßes auch bei wachen, in geräumigen Boxen frei beweglichen Tieren möglich ist. Wenn man das Gefäß nicht reizt, so entsteht an der Adventitia-Seite um die Elektroden eine kleine Proliferation von Fibrozyten. In der Intima treten keine Veränderungen auf. Wenn das Gefäß mit Impulsen von

0,1 mA, 10 ms/Impuls, 10 Hz, 30 min lang gereizt wird, so erhöht sich an der Anodenregion zunächst die Durchlässigkeit der Endothelauskleidung für Moleküle der Größenordnung bis zu etwa derjenigen von Albumin. Der Durchtritt der Moleküle erfolgt vorwiegend durch interendotheliale Spalten. Die Zahl der intraendothelialen, mit markierten Makromolekülen beladenen Vesikel wird aber ebenfalls höher (Betz et al. 1985a). Wenn nach einer einzelnen Reizserie die Elektroden entfernt werden, so können sich die Veränderungen wieder zurückbilden. Bei einer Reizwiederholung findet man schon am folgenden Tag eine massive Einwanderung von Leukozyten in den Subendothelialraum. Hierbei sind die Granulozyten in der Überzahl. Aber auch Monozyten wandern ein. Bei jeweils zwei Reizserien (30 min morgens, 15 min nachmittags) täglich findet man schon am dritten Tag Muskelzellen, welche aus der Media durch die Lamina elastica interna in den bei Kaninchencarotiden normalerweise zellfreien Subendothelialraum eingewandert sind. Hier teilen sich die Myozyten und bilden zusammen mit den Leukozyten ein fibromuskuläres Proliferat. Wenn die Tiere bei Beginn des Experimentes Futter mit 0,5% oder mehr Cholesterin erhalten, so nehmen die Monozyten/Makrophagen Lipide auf und wandeln sich in Schaumzellen um. Nach sieben Tagen ist bereits ein typisches, beginnendes Atherom vorhanden (Abb. 1). Die Granulozyten verschwinden zu dieser Zeit wieder aus der Gefäßwand. Nach vier Wochen hat sich ein Proliferat entwickelt, bei dem 10 bis 30 Zell-Lagen in der Intima gewachsen sind. Zwischen der Anzahl der sich teilenden Zellen und der Zahl der Makrophagen besteht keine quantitative Beziehung.

Es wurde die Hypothese verfolgt, daß die einmal angestoßene Proliferation dazu führt, daß die proliferierenden Gefäßmuskelzellen Wachstumsfaktoren freisetzen und sich damit der Proliferationsprozeß selbst unterhält. Mit Hilfe von Bromo-Uracil-desoxy-Ribonucleosid (BUdR) kann man die Zellen markieren, die in die S-Phase eintreten. Damit hat man eine relativ einfache Fluoreszenztechnik, mit der man ähnlich wie mit radioaktivem Thymidin die Proliferationen von Zellen messen kann. Wir haben für die Messung den BUdR-Spiegel im Blut 18 Stunden lang erhöht und dann die Gefäße entnommen. Es zeigte sich, daß in den ersten 14 Tagen nach Reizbeginn die Proliferation in der Intima und in geringerem Ausmaß auch in der Media sehr stark ist. Trotz weiterer Reizung mit gleicher Reizintensität nimmt dann die Proliferation wieder ab und wird nach vierwöchiger Reizung so schwach, daß nur noch wenige Zellteilungen erkennbar sind. Die Anzahl der Makrophagen im Proliferat ist trotzdem höher als vorher in der Media. Dieser Befund spricht dafür, daß weder zwischen der Zahl der Makrophagen in einem Proliferat und der Proliferationstendenz eine eindeutige Beziehung besteht, noch daß eine einmal in Gang gekommene Proliferation sich selbst über lange Zeit unterhält.

Ein überraschender Befund ergab sich, als wir nach einer Reizserie von vierwöchiger Dauer zunächst vier Wochen lang gar keine Reize applizierten und dann wiederum mit der ursprünglichen Reizart begannen. Die Proliferation begann erneut. Analogien zum schubweisen Verlauf der Atheromatose scheinen hier auf.

Das Modell ermöglicht eine Standardisierung der Reizungen und damit eine Quantifizierung der Reiz/Reaktionsbeziehungen. Deshalb konnten mittlerweile

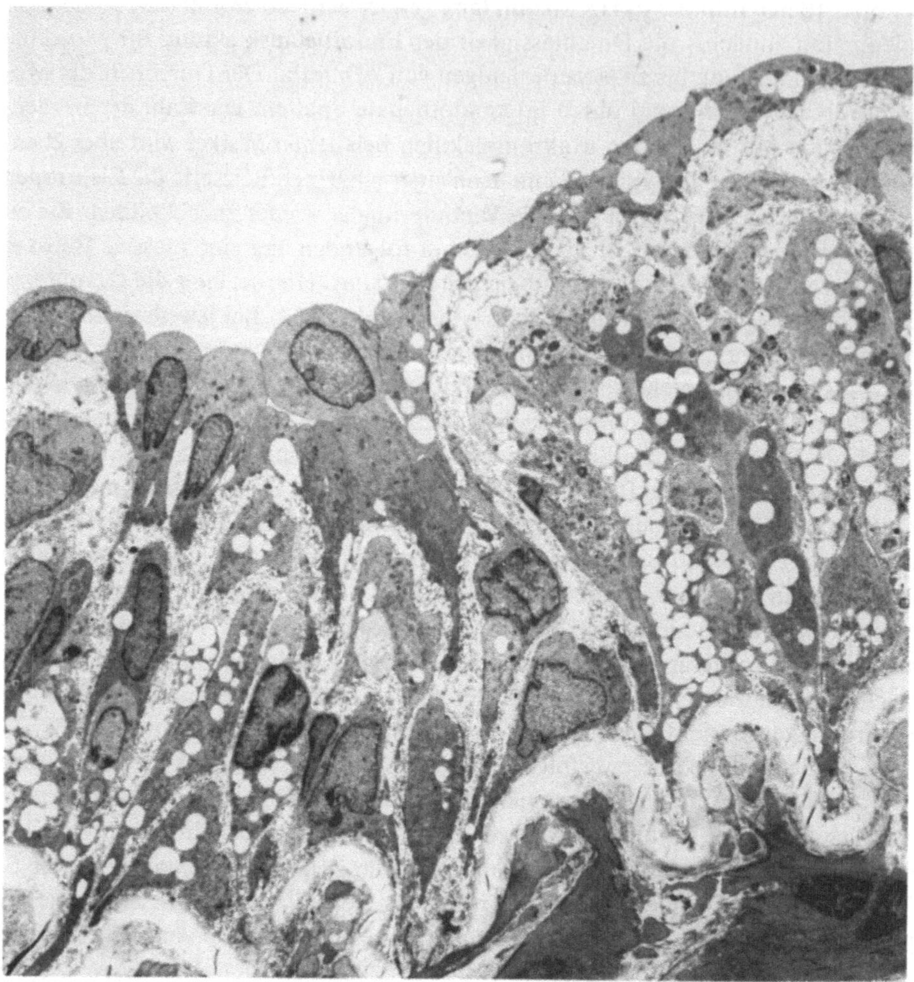

Abb. 1. Annodennahe Region einer Arteria carotis eines Kaninchens, dessen Futter 1%
Cholesterin enthielt, nach 7tägigem Reiz (tgl. morgens 30 min, nachmittags 15 min). Die
in der Intima liegenden Zellen sind glatte Muskelzellen und Makrophagen. Letztere haben
sich in Schaumzellen umgewandelt. Auch die Muskelzellen haben lipidgefüllte Vakuolen.
Vergr. × 3600

eine große Anzahl von Stoffen untersucht werden, die als antiatherogen bezeichnet werden. Es wurden Calciumantagonisten (Betz et al. 1984a, 1985a, 1985b,
1986), Lipidhemmer (Betz et al. 1984b, Betz und Hämmerle 1986, Rücker et al.
1986) aber auch Heparinoide und Heparin getestet (Betz und Hämmerle 1984c,
Hämmerle 1987). Eine Reihe von diesen Stoffen hemmen die Proliferatbildung.
Die Tabelle 1 zeigt einige wenige Resultate. Aus den Meßergebnissen ist aber weder
ablesbar, ob die getesteten Stoffe deshalb die Proliferation hemmen, weil sie to-
xisch sind oder weil sie Antagonisten von Wachstumsfaktoren sind. Die in vivo-

Tabelle 1. Die Wirkung unterschiedlicher Arzneimittel auf die Entwicklung von Intima-proliferaten (Atherome) bei Kaninchen, deren rechte A. carotis täglich 30 min vormittags und 15 min nachmittags mit den im Text beschriebenen Reizströmen behandelt wurden. Die Tiere erhielten im Futter 1% Cholesterin, so daß starke Hyperlipidämien bei den nicht therapierten Tieren auftraten. Die Proliferation wurde histologisch durch Auszählung der Zell-Lagen der in Serien geschnittenen Proliferate quantifiziert. Dabei wurde die maximale Zell-Lagenzahl in jeder Plaque als Maß verwendet. o = orale Gabe der Hemmsubstanz, sc = subcutane Injektion, s = signifikanter Unterschied (Scheffé-Test) gegenüber den Kontrollen, deren Zahl 40 betrug, ns = nicht signifikanter Unterschied gegenüber den Kontrolltieren. Die Kontrolltiere erhielten 1% Cholesterin im Futter, aber kein Medikament

n	Substanz	Tagesdosis mmol/kg Körpergew.	% Hemmung des Plaquewachstums Vergleich mit Kontrolle (Zahl der Zell-Lagen)	% Änderung des Gesamtserumcholesterins behandelter Tiere im Vergleich mit Kontrollen
10	Etofibrat	0,55 (o)	− 25 (s)	− 16 (ns)
8	SP 54	0,003 (sc)	− 55 (s)	− 25 (s)
10	Flunarizin	0,63 (o)	− 68 (s)	− 37 (s)
12	Verapamil	0,46 (o + sc)	− 48 (s)	− 6 (ns)
10	Nimodipin	0,24 (o)	− 0	+ 2 (ns)

Messungen ermöglichen auch keine Aussage darüber, ob die Hemmwirkungen auf indirekte Effekte, z. B. Verminderungen der Makrophageneinwanderung in die Intima oder Permeabilitätsminderung des Endothels zurückzuführen sind oder auf direkte Einwirkungen auf die mitotische Aktivität. Wir wissen aus diesen Experimenten auch nicht, ob die Substanzen nur diejenigen Zellen in ihrer Migration oder Teilung oder in beiden Funktionen hemmen, welche sie auf jeden Fall hemmen sollten. Bei der Hemmung der Atherogenese sollen nämlich nur diejenigen Zellen im Wachstum gehemmt werden, die zu einer Stenose der Gefäße führen − also die Gefäßmuskelzellen und nicht etwa die Endothelzellen. Wir haben versucht, diese Probleme z. T. dadurch zu lösen, daß wir zusätzlich zu den in vivo-Experimenten Kulturen aus Zellen der Arterienwände etabliert haben. Die einfachste Form der Zellkultur zur Austestung von Hemmstoffen ist die Massen-kultur. Endothelzellen werden aus den Blutgefäßen mittels Dispase + Kollagen-ase von ihrer Unterlage abgelöst und dann in eines der gängigen Kulturmedien (z. B. Medium 199 Earle's Salze mit 10% fetalem Kälberserum, Addition von 100 E/ml Penicillin und Streptomycin) gebracht. Die Muskelzellen lassen sich durch enzymatische Verdauung von Matrixsubstanzen aus der Media gewinnen, und Fibroblasten kann man entweder aus der Adventitia erhalten oder noch einfacher aus subcutanem Gewebe. Als Kulturmedien werden die gleichen Medien verwendet wie bei Endothelzellen. Bei manchen Species ist es erforderlich, für Endo-

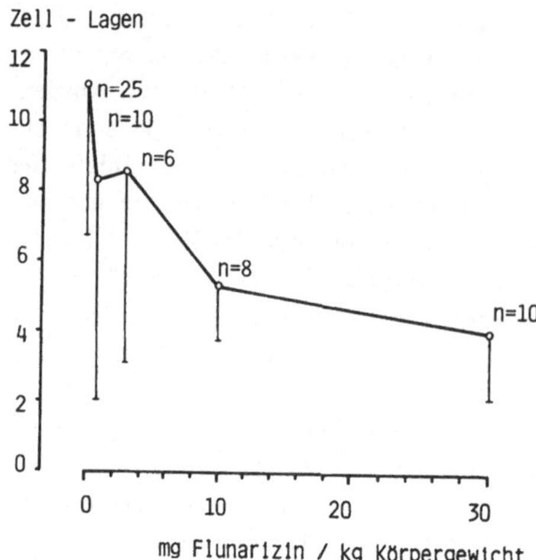

Abb. 2. Die Wirkung von unterschiedlich hohen Mengen von Flunarizin im Futter von Kaninchen auf die Entwicklung von durch 4 Wochen lang tgl. wiederholte elektrische Reizung erzeugten Plaques in Carotidenwänden. Die Tiere erhielten während der 4wöchigen Reizung 1% Cholesterin in den Flunarizin-haltigen Futterpellets (Fa. Altromin). Auf der Ordinate ist die Zahl der Zell-Lagen in der Intima aufgetragen, welche während der Reizzeit dort proliferiert sind. Die Proliferation der Zellen in der Intima wird zunehmend mit steigender Konzentration von Flunarizin (Abszisse) gehemmt

thelzellen zusätzlich Wachstumsfaktoren zu verwenden, die wir aus Rindergehirnen gewinnen. Im übrigen enthalten die in den Kulturmedien verwendeten Seren Faktoren, die das Wachstum induzieren.

An einem Beispiel soll gezeigt werden, welche Bedeutung derartige Zellkulturen für Screening-Experimente haben. Die Tabelle 1 zeigt, daß das Flunarizin die Proliferation in vivo hemmt. Diese Hemmung ist abhängig von der Menge der mit Futter zugeführten Hemmstoffkonzentrationen (Abb. 2). In Massenkulturen von Muskelzellen aus Arterienwänden war bei Flunarizinzugabe zum Kulturmedium ebenfalls eine konzentrationsabhängige Hemmung des Wachstums zu erkennen. Bei Kulturen von arteriellen Endothelzellen stellte sich heraus, daß auch die Proliferation dieser Zellen gehemmt wurde. Auch das Wachstum von Fibroblasten wurde gehemmt. Ähnlich wirken auch einige andere Calciumantagonisten (z. B. Nimodipin) auf das Wachstum der verschiedenen Zellarten. Das Meßergebnis zeigt, daß einige Calciumantagonisten unspezifisch die Proliferation von Gefäßwandzellen hemmen. Es gibt auch Stoffe, welche Gefäßmuskelzellen hemmen, das Wachstum der Fibroblasten aber nicht beeinflussen. Ein solcher Stoff ist das Pentonsanpolysulfonat SP 54 (Betz und Hämmerle 1984).

Die Massenkulturen haben wir durch Klonkulturen ergänzt, um entscheiden zu können, ob eine gleichmäßige Teilung aller Zellen stattfindet, oder ob einzelne Zellen stark prolifereren und andere gar nicht. Auch für die Beurteilung der Wirkung von Hemmstoffen ist dieses Problem von Interesse, denn es ist noch unklar, ob bei der Entwicklung von Intimaproliferaten alle intimanahen Mediazellen die Potenz zur Migration und Proliferation besitzen, oder ob die proliferierenden Zellen eine definierbare Subspecies von Mediazellen darstellen. Durch Messung der absoluten und relativen Klonierungseffizienz (Hämmerle 1987) kann die Wirkung der Hemmstoffe auf Subpopulation von Zellkulturen und auf Zellklone getestet werden. Das für Klonkulturen verwendete Medium bestand aus M 199 Earle's Salzen mit 20% fetalem Kälberserum, 5% Pferdeserum und 100 E/ml Penicillin und Streptomycin.

Die Zellen in Massenkulturen und Klonkulturen exprimieren nicht die gleichen Proteinmuster wie die Zellen in vivo. Es zeigte sich, daß z. B. bei Kultivierung von Muskelzellen das glattmuskuläre Myosin nach einigen Passagen nicht mehr nachweisbar ist. Aus Untersuchungen von Hämmerle (1987) mit der 2 D-Gelelektrophorese geht hervor, daß eine größere Anzahl von Proteinen in vivo in den Muskelzellen von Carotiden vorkommen, die aber in den kultivierten Muskelzellen der gleichen Gefäße fehlen. Dafür werden in kultivierten Gefäßmuskelzellen Proteine exprimiert, die in vivo nicht vorhanden sind. Diese Experimente zeigen deutlich, daß der Übertragung von Ergebnissen aus Therapiestudien in derartigen Zellkulturen auf in vivo-Bedingungen Grenzen gesetzt sind. Um den in vivo-Bedingungen näher zu kommen, gibt es die Möglichkeit, Zellkultursysteme aufzubauen, in denen in vivo-Bedingungen wenigstens zum Teil nachgeahmt werden. Wir haben zwei derartige Co-Kultursysteme etabliert:

1. die sogen. Transfilterkultur,
2. die Organkultur von Gefäßwänden.

Die Abb. 3 zeigt einen Schnitt durch eine Transfilterkultur. Auf einer Seite eines in einen Rahmen eingespannten Polycarbonatfilters, das 10 µm dick ist und Poren hat, deren Durchmesser 5 µm betragen, werden Gefäßmuskelzellen ausgesät oder

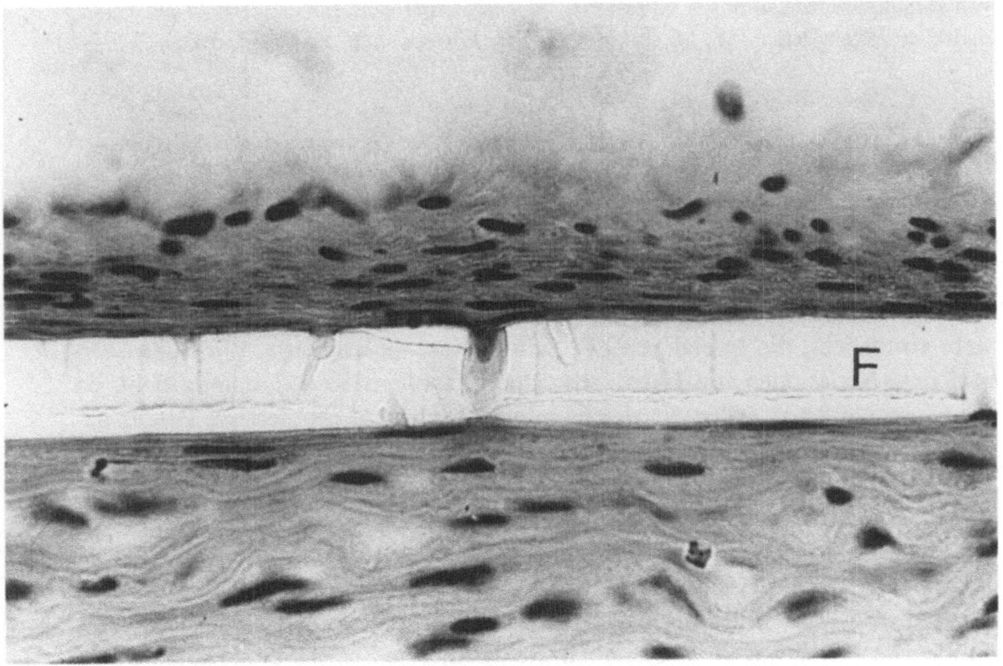

Abb. 3. Schnittbild durch eine Transfilterkultur. *F* = Filter. Unterhalb des Filters ist Mediagewebe auf das Filter aufgebracht worden. Die Muskelzellen sind nach oben durch die Filterporen gewandert und bilden dort ein Proliferat

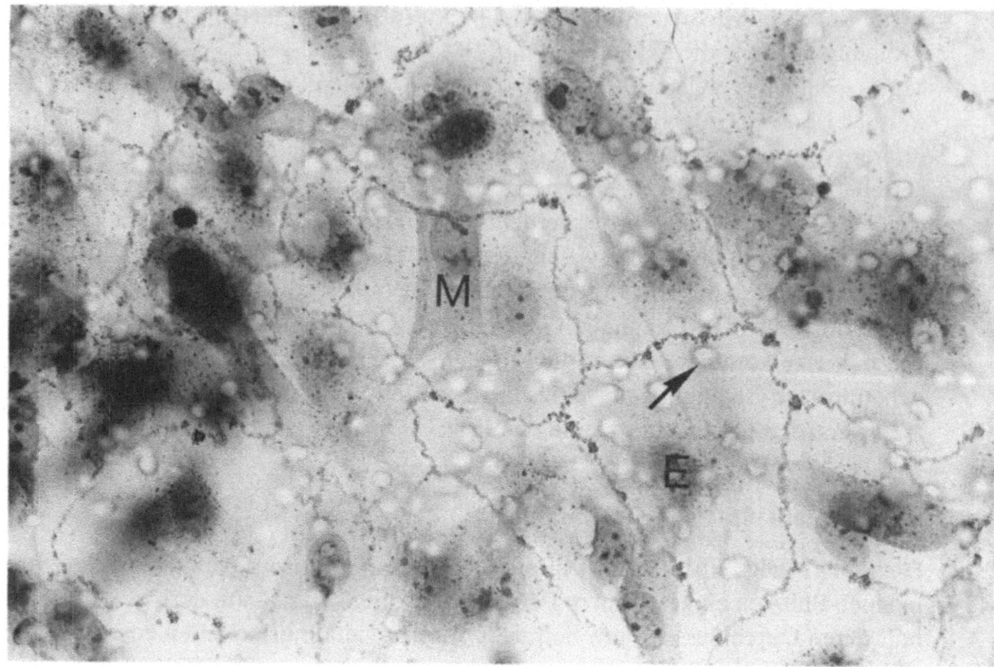

Abb. 4. Endothelzellen, die auf einer Filterseite ausgesät wurden, hemmen die Wanderung von Gefäßmuskelzellen durch Filterporen. Nur vereinzelt sieht man unterhalb der Endothelzellen Muskelzellen. *M*, Muskelzellen; *Pfeil*, Filterpore; *E*, Endothelzellkern

es wird ein Stück Media auf das Filter gelegt und das Ganze wird in ein Kulturmedium gebracht. Gefäßmuskelzellen wandern aus der Muskelzellschicht durch die Filterporen und bilden auf der anderen Filterseite ein Proliferat. Wenn man auf der anderen Filterseite vor der Gefäßmuskelzellaussaat Endothelzellen ausgesät hat, so wird die Wanderung der Zellen durch die Filterporen stark gehemmt oder verhindert. Die Abb. 4 zeigt eine derartige endothelbedeckte Filterseite. Dieses System ermöglicht, die Interaktion der Zellen direkt zu studieren. Wir haben verschiedene Variationen von Transfilterkulturen etabliert. So wurde untersucht, ob die adventitianahen Zellen die gleiche migratorische und proliferative Potenz haben wie die endothelnahen Zellen. Hierzu wurden das Endothel und die Adventitia eines Gefäßstücks entfernt und das Präparat so zwischen zwei Filter gelegt, daß die adventitielle Seite nach einem und die endothelnahe Seite nach dem zweiten Filter hin orientiert war (Sandwichtechnik). Es stellte sich heraus, daß die Gefäßmuskelzellen nach beiden Seiten gleichmäßig proliferierten, daß aber bei Aufbringen einer Adventitia die Migration nach der adventitiellen Seite gehemmt wurde. Die Adventitia hat also ähnlich wie das intakte Endothel die Fähigkeit, die Migration von Gefäßmuskelzellen zu hemmen (Fallier-Becker und Betz unveröffentlicht). Das System wird z. Zt. auch für Untersuchungen der Reaktionen von Gefäßwandzellen aus Gefäßen des Menschen verwendet.

Die zweite Co-Kulturtechnik ist die Organkultur. Diese Technik wurde von Pederson und Bowyer 1985 beschrieben und für die in vitro-Erzeugung von Plaques von Fingerle (1986) und Fingerle und Kraft (1987) modifiziert. Hierbei werden in einem Kulturmedium mit höherer Serumkonzentration als für Klon- und Massenkulturen kleine Stückchen von dünnwandigen Gefäßen (z. B. Kaninchencarotis) auf einem Silikonblock so aufgespannt, daß die Adventitia des längs aufgeschnittenen Gefäßes auf einem Nylonnetz liegt, welches den Silikonblock überspannt. Das Endothel wird vom Kulturmedium überspült. Es ist exponiert und kann lokal gestört werden, z. B. durch einen kurzdauernden Druck mit einem kleinen Stempel. Das Gefäß reagiert an der Druckstelle mit einer starken subendothelialen Proliferation von Gefäßmuskelzellen, die nach der Druckbelastung aus der Media in die Intima wandern und dort proliferieren. Mit Hilfe dieser Technik sind wir in der Lage, fibromuskuläre Plaques in vitro zu produzieren. Ein kultiviertes intaktes Gefäßstück bleibt mehrere Wochen lang kontraktil, so daß Funktionsstudien an diesem Präparat möglich sind.

Wenn Zellen aus Gefäßen von Patienten für derartige Kulturen verwendet werden, ist der Bezug zu klinischen Situationen enger als bei zahlreichen Tierexperimenten und erst recht bei Kulturen mit Zellen aus Gefäßwänden von Tieren. Wir haben inzwischen gefunden, daß es Heparinoide gibt, welche die Proliferation von Gefäßmuskelzellen des Menschen hemmen und Endothelzellen zu vermehrter Proliferation anregen (Betz und Hämmerle 1988 im Druck).

Zusammenfassung

Die Kombination von Tiermodellen, bei denen Arteriosklerosen erzeugt werden, mit Zellkultursystemen ist eine Experimentieranordnung zur Optimierung von Therapieansätzen der Atherogenesehemmung. Hierbei können einfache Massen- und Klonkulturen von Endothelzellen, Myozyten und Fibroblasten für Screening-Experimente zur Untersuchung von Hemmstoffen des Zellwachstums genutzt werden. Die Ergänzung mit Co-Kultursystemen − von denen zwei dargestellt wurden − ermöglicht eine bessere Ankopplung der Versuche an klinische Fragestellungen vor allem, wenn Zellen aus Blutgefäßen des Menschen verwendet werden.

Die hier aufgeführten Untersuchungen wurden zu einem großen Teil im Medizinisch-Naturwissenschaftlichen Forschungszentrum der Universität Tübingen durchgeführt, der für die Bereitstellung der Hilfsmittel gedankt wird. Außerdem wurde das Vorhaben durch Mittel des Bundesministeriums für Forschung und Technologie (Vorhaben 0318846A) unterstützt.

Literatur

Baumgartner HR, Studer A (1963) Gezielte Überdehnung der Aorta abdominalis am normo- und hyprecholesterinämischen Kaninchen. Path Microbiol 26:129–148

Betz E, Hämmerle H (1984) Arterienwandprofilerate und Zellkulturen als Indikatoren für Hemmstoffe der Atherogenese. Funkt Biol Med 3:46–55

Betz E, Hämmerle H (1986) Effect of Etofibrate and its metabolites on atheromas of rabbits and on smooth muscle cell cultures. Arzneimittelforsch 36:92–98

Betz E, Schlote W (1979) Responses of vessel walls to chronically·applied electrical stimuli. Basic Res Cardiol 74:10–20

Betz E, Hämmerle H, Höllwarth I (1984) Einflüsse von Pharmaka auf Gefäßwandreaktionen bei standardisierten atherogenen Reizen. In:Piza F, Marosi L, Schütz RM (Hrsg) Angiologie und Geriatrie. Robidruck, Wien, pp 9–11

Betz E, Hämmerle H, Strohschneider T (1985) Inhibition of smooth muscle cell proliferation and endothelial permeability with flunarizine in vitro and in experimental atheromas. Res Exp Med 185:325–340

Betz E, Hämmerle H, Strohschneider T (1985) Inhibitory actions of calcium entry blockers on experimental atheromas. In: Godfraind T, Vanhoutte PM, Govoni S, Paoletti R (eds) Calcium entry blockers and tissue protection. Raven Press, New York, pp 117–127

Betz E, Hämmerle H, Viele D (1984) Ca^{2+}-entry blockers and atherosclerosis. Int Angiol 3:33–42

Betz E, Hämmerle H, Kling D, Lenke D, Müller CD (1986) The actions of Verapamil on the model of arteriosclerosis. In: Rosenthal J (ed) Calciumantagonists and hypertension: Current status. Excerpta Medica, Amsterdam, pp 83–96

Fingerle J (1986) Organkultur der thorakalen Kaninchenaorta. Dissertation, Tübingen

Fingerle J, Kraft T (1987) The induction of smooth muscle cell proliferation in vitro using an organ culture system. Int Angiol 6:65–72

Hämmerle H (1984) Vergleich von Wirkungen einzelner Pharmaka auf die Proliferation von Gefäßmuskelzellen in vivo und in vitro. In: Fischer H, Betz E (Hrsg) Gefäßwandelemente in vivo und in vitro. Wissenschaftliche Verlagsgesellschaft mbH, Stuttgart, S 43–55

Hämmerle H (1987) Wachstum und Differenzierung von arteriellen glatten Muskelzellen bei der Atherombildung und in Zellkulturen. Dissertation, Tübingen

Kling D, Holzschuh T, Strohschneider T, Betz E (1987) Enhanced endothelial permeability and invasion of leukocytes into the artery wall as initial events in experimental arteriosclerosis. Int Angiol 6:21–28

Pederson DC, Bowyer DE (1985) Endothelial injury and healing in vitro. Studies using an organ culture system. Am J Pathol 119:264–272

Rücker W, Betz E, Prop G, Hüther AM (1986) Effects of Octimibate on cholesterol metabolism and on arteriosclerotic changes in different rabbit atherosclerosis models. In: Maurer PC, Becker HM, Heidrich H, Hoffmann G, Kriessmann A, Müller-Wiefel H, Prätorius C (eds) What is new in angiology? Zuckerschwerdt, München, S 115–116

Aktivierende und inaktivierende Faktoren bei der Proliferation und Migration glatter Muskelzellen

J. Grünwald und P. Wülfroth

Proliferation (Wachstum und Teilung) und Migration (Wanderung) glatter Muskelzellen der arteriellen Gefäßwand sind Initialprozesse der Entwicklung einer Arteriosklerose und führen durch Einwanderung der glatten Muskelzellen in den subendothelialen Raum zur Ausbildung von arteriosklerotischen Läsionen [1]. In derartigen Plaques reichern sich nicht nur von der Zelle gebildete und in den Extrazellulärraum abgegebene Substanzen, sondern auch aus dem Blutstrom in die Gefäßwand eindringende Lipoproteine an.

Die Arterienwandzellen (Endothelzellen und glatte Muskelzellen) unterliegen unter physiologischen Bedingungen einer Wachstums- und Teilungskontrolle, die durch spezifische Stoffwechselleistungen Struktur und Funktion der Arterienwand gewährleisten, die durch ein Wechselspiel von wachstumsstimulierenden und wachstumshemmenden Faktoren reguliert wird. In der normalen gesunden arteriosklerosefreien Gefäßwand überwiegen die wachstumsinaktivierenden Faktoren, so daß die Zellen keine Teilungs- oder Wanderungsaktivität aufweisen. Durch den Einfluß von arteriosklerotischen Risikofaktoren (Bluthochdruck, Diabetes, erhöhter Lipidgehalt des Blutserums etc.) wird dieses sensible Gleichgewicht zwischen antagonistisch wirkenden Faktoren gestört, und es kommt durch eine funktionelle Läsion der Endothelschicht zur vermehrten Freisetzung bzw. Einwanderung von wachstumsaktivierenden Faktoren, die die Wanderung und Teilung der glatten Muskelzellen stimulieren und zur Entwicklung arteriosklerotischer Läsionen führen.

Während verschiedene Wachstumsfaktoren, die chemotaktisch und proliferationssteigernd auf glatte Muskelzellen der Arterienwand wirken, gut charakterisiert sind [2], befindet sich die Forschung an inaktivierenden Faktoren noch in den Anfängen [3, 4].

Da es sich bei der Arteriosklerose um ein multifaktorielles Geschehen handelt, das von verschiedensten Risikofaktoren ausgelöst werden kann, die wie dargelegt aber zu relativ gleichartigen zellulären Veränderungen führen, gibt es grundsätzlich zwei Interventionsmöglichkeiten, um den Krankheitsprozeß zu beeinflussen. Während für die primäre Intervention, d. h. der Beeinflussung der direkten Risikofaktoren zahlreiche Pharmaka zur Verfügung stehen, sind wir mit den Möglichkeiten der sekundären Intervention auf der zellulären Ebene erst am Anfang.

Da die glatten Muskelzellen den Hauptteil der zellulären Komponenten in arteriosklerotischen Läsionen ausmachen, steht die Untersuchung dieser Zellart im Mittelpunkt meiner Untersuchungen. Darüber hinaus sind aber auch die Endothelzellen und Monozyten/Makrophagen von entscheidender Bedeutung für die Induktion der Arteriosklerose und für das Fortschreiten der Erkrankung. Substanzen, die die Progression der Arteriosklerose reduzieren oder sogar zu einer Regression führen sollen, müssen deshalb auf ihre Wirkung an diesen beiden Zelltypen untersucht werden. Eine Substanz mit antiatherogener Wirkung sollte spezifisch auf die Migration und Proliferation in den glatten Muskelzellen hemmend wirken, möglichst sollte die phänotypische Modulation der glatten Muskelzellen unterdrückt werden und keine Lipidakkumulation in den Zellen stattfinden. Die Endothelzellen demgegenüber, mit ihrer Schutz- und Deckfunktion für die darunterliegenden glatten Muskelzellen sollten eher aktiviert werden, um mögliche funktionelle Endothelschäden schnell zu reparieren und durch ein gesteigertes Migrations- und Proliferationsverhalten mögliche Läsionen zu schließen.

Testsysteme

Zur experimentellen Untersuchung von möglichen anti-arteriosklerotisch wirkenden Substanzen stehen uns im wesentlichen drei verschiedene Testsysteme zur Verfügung:

1. Reine Tierversuche, d. h., bei Versuchstieren werden experimentelle Läsionen erzeugt, was durch spezielle Fütterungsdiäten oder die Induktion von Risikofaktoren oder mit Hilfe eines Ballonkatheter induzierten Endothelschadens ausgelöst werden kann. In meiner Arbeitsgruppe wird schwerpunktmäßig die Ballonkatheter-Dilatation der Arteria carotis der Ratte verwendet, da in diesem Modell innerhalb von 2 Wochen standardisierte intimale Läsionen erzeugt werden können, die mit Hilfe eines Morphometrie-Systems leicht zu quantifizieren sind. Zahlreiche andere Systeme werden von weiteren Arbeitsgruppen verwendet. Wir haben das Ballooning-Modell der Arteria carotis der Ratte eingesetzt, um den Einfluß des Prostacyclinanalogs Iloprost und von Heparin auf die Läsionsbildung zu untersuchen (Abb. 1, 2, 3). Zu diesem Zweck wurden die Substanzen über eine osmotische Pumpe kontinuierlich 14 Tage lang bis zum Opfern der Tiere in den Blutstrom appliziert. Anschließend folgte die morphometrische Quantifizierung der Läsionsreduktion. Mit beiden Substanzen konnte eine dosisabhängige Reduktion der intimalen Läsion nachgewiesen werden.

2. Kombinierte in vivo – in vitro Systeme. Zu diesem Zweck werden die Versuchstiere den dargestellten arteriosklerotischen Risikofaktoren ausgesetzt; die Analyse des veränderten Zellverhaltens erfolgt im Anschluß daran in einem Zellkulturtestsystem, um verschiedene Parameter besser differenzieren zu können. In einem speziellen Explantatauswachstest [5] kann spezifisch die aktivierte Wanderung

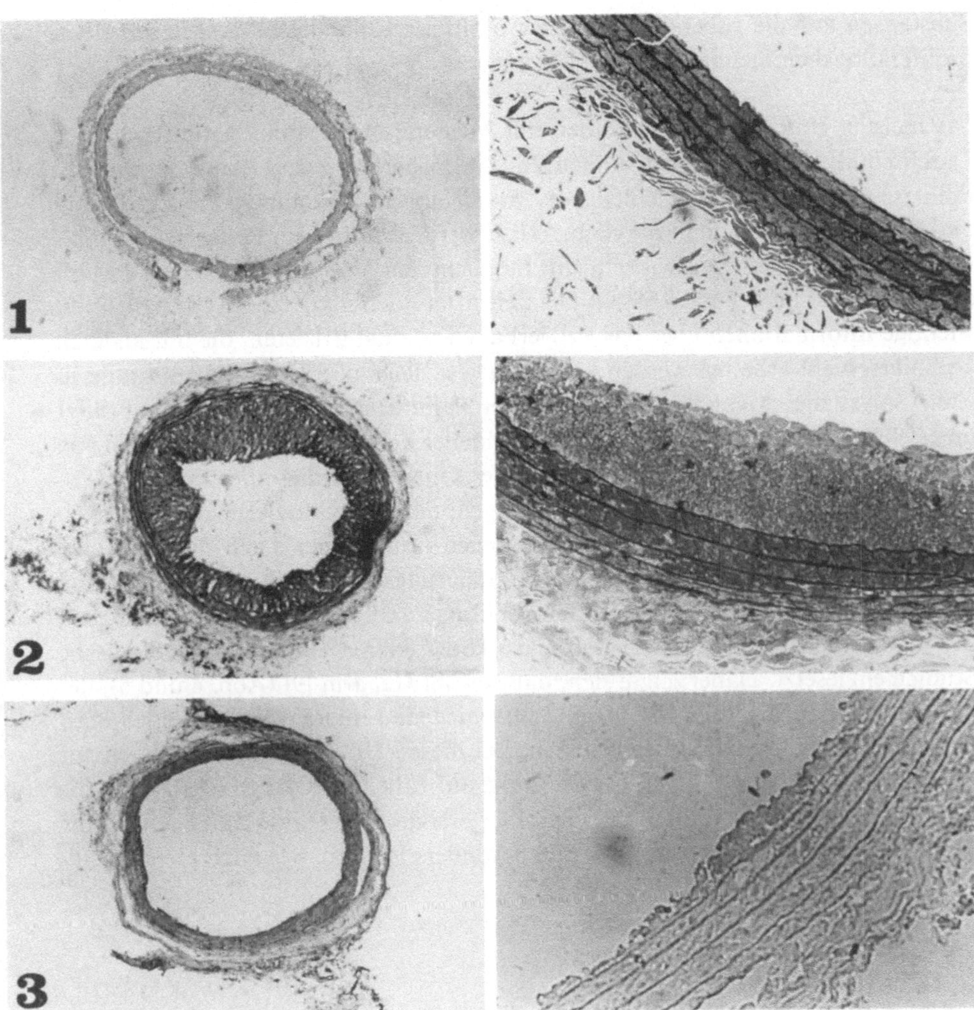

Abb. 1, 2, 3. Arteria carotis der Ratte. **Abb. 1:** unbehandeltes Tier; **Abb. 2:** 14 Tage nach Ballonkatheter-Dilatation; **Abb. 3:** 14 Tage nach Ballonkatheter-Dilatation +0,3 mg/kg/h Heparin

der glatten Muskelzellen untersucht werden. In diesem System haben wir nach Ballonkatheterschädigung der Rattenaorta den Einfluß verschiedener Thrombozytenaggregationshemmer [6] und Kalziumantagonisten [7] überprüft und konnten zeigen, daß eine dosisabhängige und substanzabhängige Reduktion der aktivierten Wanderung glatter Muskelzellen stattfindet.

3. Reine Zellkulturuntersuchungen. Zu diesem Zweck werden subkultivierte glatte Muskelzellen entweder in der aktiven Proliferationsphase oder nach Überführung in die GO-Phase, durch Serumentzug und anschließender Stimulierung mit Serum, auf ihre Teilungsaktivität hin untersucht. Es kann somit getestet werden, ob

Substanzen auf die ruhende oder aktiv proliferierende glatte Muskelzelle einen proliferationshemmenden Effekt auswirken.

Die meisten Untersuchungen werden mit Massenkulturen durchgeführt, die auf Durchschnittswerten von sehr hohen Zellzahlen beruhen, und damit ist eine detaillierte Untersuchung verschiedener Parameter wie Zellteilung, Zellwanderung und Zellmorphologie nicht möglich: Wir haben daraufhin ein Zeitraffervideomikroskopiesystem weiterentwickelt, um mögliche antiarteriosklerotische Substanzen genauer zu untersuchen [8, 9]. Die Zeitraffervideomikroskopie ermöglicht es, wichtige Informationen über das Zellverhalten zu quantifizieren, die mit anderen Techniken nicht erhalten werden können. Diese Technik erlaubt die kontinuierliche Analyse drei wichtiger zellbiologischer Parameter: Zellteilung, Zellmotilität und Zellmorphologie auf der Ebene individueller Zellen, über einen Zeitraum von mehreren Tagen hinweg, mit anschließender Quantifizierung aller Daten.

Mit Hilfe dieser Technik konnten wir zeigen, daß sich kultivierte glatte Muskelzellen hypertoner Tiere signifikant von denen normotoner Tiere unterscheiden [10], und daß sich Zellen im Laufe der Kultivierungsdauer in ihrem Teilungs- und Wanderungsverhalten und in ihrer Morphologie ändern. Darüber hinaus haben wir die Technik der Zeitraffervideomikroskopie erstmals für pharmakologische Studien eingesetzt. Dabei zeigte sich, daß sowohl Heparin [9] (Abb. 4 und 5), der Kalziumantagonist Flunanizin [7] und verschiedene Lipidsenker das Zellteilungs- und Wanderungsverhalten beeinflussen. Bei diesen Untersuchungen können wir differenzieren, ob der Einfluß der Substanz auf ruhende glatte Muskelzellen, die serumstimuliert wurden, oder aktive proliferierende Zellen unterschiedlich ist. Bei diesen Untersuchungen zeigte sich, daß besonders Heparin wie auch Heparansul-

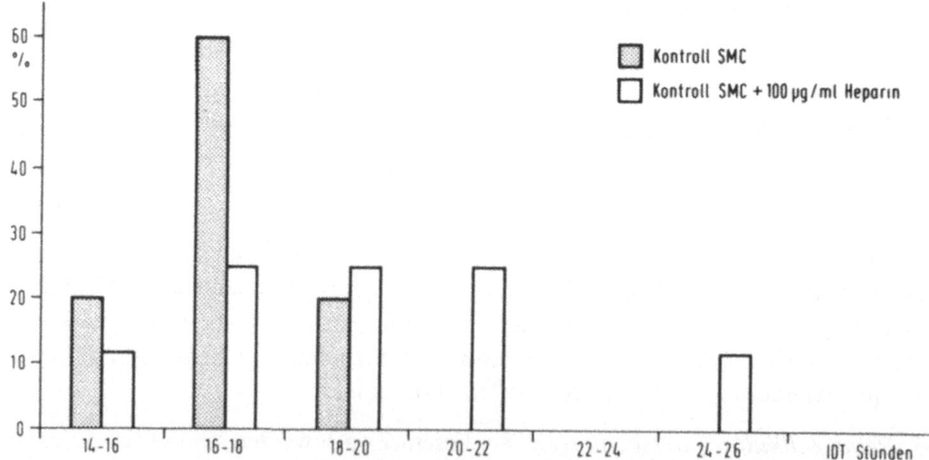

Abb. 4. Analyse der Zwischenteilungszeiten (interdivision times) in Stunden von glatten Muskelzellen in der Kultur mit und ohne Zugabe von Heparin. Heparin führt zu einer Verlängerung der Teilungszeiten der Zellen

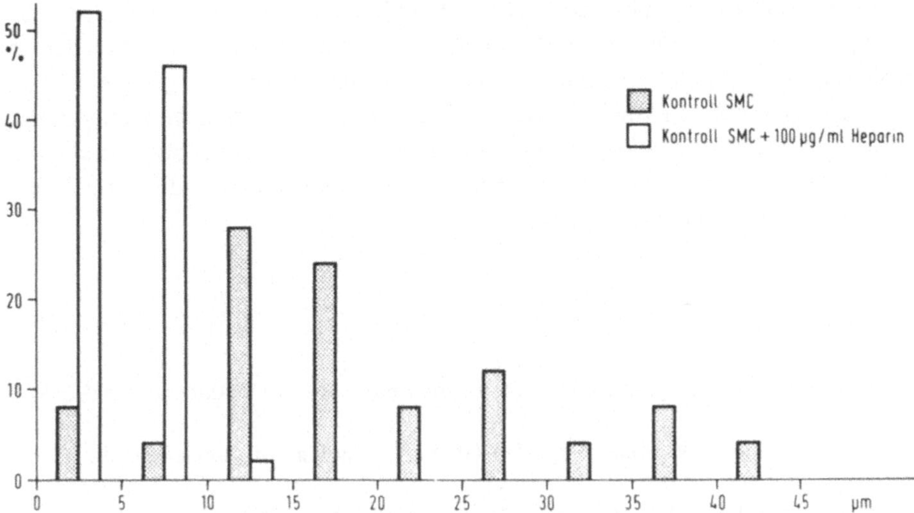

Abb. 5. Analyse der Wanderungsstrecken von glatten Muskelzellen in der Kultur nach Zeitraffervideoaufzeichnung mit anschließender morphometrischer Quantifizierung. Heparin reduziert die Wanderungsaktivität glatter Muskelzellen eindeutig

fat eine hochspezifische Wirkung der Migrations- und Proliferationshemmung auf glatte Muskelzellen ausüben, während im Gegensatz dazu Endothelzellen sogar in ihrer Teilungsaktivität gefördert werden.

Wie bereits dargelegt, konnten wir auch im Tiermodell der Ballonkatheter-De-endothelialisierung der Ratten Arteria carotis nachweisen, daß mit Hilfe von Heparin eine dosiabhängige Reduktion der intimalen Läsion erreicht wird. Da aber der molekulare Wirkungsmechanismus der Heparinwirkung auf glatte Muskelzellen ungeklärt ist, untersuchen wir in Zusammenarbeit mit Dr. Dr. Ruprecht Keller, Universität Aachen, die Möglichkeit einer Rezeptor-vermittelten Proliferationshemmung. Das Ziel dieses Projekts ist die Aufklärung einer homogenen Heparin-Struktur, welche spezifisch die Vermehrung der glatten Muskelzellen hemmt und die als Therapeutikum für die Behandlung der Arteriosklerose sowie anderer Erkrankungen infolge einer glatten Muskelzellvermehrung Verwendung finden könnte.

Zu diesem Zweck wurde ein Eiweißmolekül isoliert, welches spezifisch an Heparin bindet und auf der Oberfläche der glatten Muskelzelle lokalisiert ist. Antikörper gegen dieses Eiweißmolekül hemmen das Wachstum der glatten Muskelzellen wie Heparin [11]. Dieses Eiweißmolekül soll nun dazu benutzt werden, um die Heparinstruktur, die für die Hemmung des Wachstums glatter Muskelzellen verantwortlich ist, aus der Gesamtheit alle anderen Heparine zu isolieren. Außerdem soll untersucht werden, inwiefern sich die von uns hergestellten Antikörper gegen das Heparin-bindende Eiweißmolekül, für die Wachstumshemmung der glatten Muskelzellen im Tierversuch und eventuell später auch bei Bypass-operierten Patienten verwenden lassen.

Aus den dargelegten Gründen sollten deshalb bei einer multizentrischen Forschungsplanung auf dem Gebiet der Regression der Arteriosklerose neben der Erforschung der Funktionen verschiedener Wachstumsfaktoren in gleichem Maße die Wirkungsweise von Wachstumsinhibitoren erforscht werden, wobei neben den endogenen Regulationssubstanzen wie im Heparansulfat auch an Studien über die Arterioskleroseprophylaxe durch verändertes Ernährungsverhalten (Ω-3-Fettsäuren) gedacht werden sollte [12].

Literatur

1. Ross R (1986) The pathogenesis of atherosclerosis – An update. N Engl J Med 314:488–500
2. Ross R, Raines EW, Boden-Pope DF (1986) The biology of platelet-derived growth factor. Cell 46:155–165
3. Casetellot II, Beeler DL, Rosenberg RD, Karnovsky MI (1984) Structural determinants of the capacity of heparin to inhibit the proliferation of vascular smooth muscle cells. J Cell Physiol 120:315–320
4. Fritze LMS, Reilly CF, Rosenberg RD (1985) An antiproliferative heparin sulfate species produced by post confluent smooth muscle cells. J Cell Biol 100:1041–1049
5. Grünwald J, Haudenschild CC (1984) Intimal injury in vivo activates vascular smooth muscle cell migration and explant outgrowth in vitro. Arteriosclerosis 4:183–188
6. Grünwald J, Haudenschild CC (1985) The influence of antiplatelet drugs on injury-stimulated migration of cultured smooth muscle cells. Artery 12:324–336
7. Grünwald J, Chaldakov GN (1988) The calcium antagonist flunarizine inhibits arterial smooth muscle cell migration and proliferation. Atherosclerosis (submitted)
8. Grünwald J (1987) Time-lapse video microscopic analysis of cell proliferation, motility and morphology: Applications for cytopathology and pharmacology. Biotechniques 5:680–687
9. Grünwald J (1987) Effects of anti-atherosclerotic substances on smooth muscle cell migration and proliferation analyzed by time-lapse video microscopy. Int Angiol 6:59–64
10. Grünwald J, Chobanian AV, Haudenschild CC (1987) Smooth muscle cell migration and proliferation: Atherogenic mechanisms in hypertension. Atherosclerosis 67:215–221
11. Lankes W, Griesmacher A, Keller R, Grünwald J, Schwartz-Albiez R (1988) A heparin-binding protein involved in the inhibition of smooth muscle cell proliferation. Biochem J 251:831–842
12. Schacky CV (1987) Prophylaxis of atherosclerosis with marine omega-3 fatty acids. Ann Int Med 107:890–899

Onkogene und Wachstumskontrolle

R. Müller

Die Proliferation eukaryotischer Zellen wird durch Wachstumsfaktorsignale reguliert, die über eine Vielzahl von Signalübertragungswegen auf das Genexpressionsmuster einer Zelle einwirken. Proto-Onkogene spielen an vielen Stellen bei der Signaltransduktion eine wichtige Rolle, z. B. als Wachstumsfaktoren, Rezeptoren, cytoplasmatische Überträgerproteine oder Transkriptionsfaktoren. So ist z. B. das *sis*-Proto-Onkogen der „platelet-derived growth factor" (PDGF); c-*erb-B* kodiert für den Rezeptor des „epidermal growth factor" (EGF); c-*fms* ist wahrscheinlich der Rezeptor des „colony stimulating factor 1" (CSF-1) und *neu* kodiert für einen noch nicht identifizierten Rezeptor. Andere Proto-Onkogenprodukte scheinen eine Rolle zu spielen bei der Signalübertragung von aktivierten Rezeptoren auf „second messenger"-Systeme. Beispiele hierfür sind c-*src*- und c-*ras*-Proteine, die bei der Degradation von Phospholipiden möglicherweise eine Rolle spielen. Schließlich scheint den im Zellkern lokalisierten Proto-Onkogenprodukten eine Funktion bei der Transregulation proliferationskontrollierender Gene zuzukommen. Diese Hypothese beruht u. a. auf den DNA-bindenden Eigenschaften dieser Proteine (z. B. *myc*, *myb* und *fos*) sowie auf deren Potential, bestimmte Indikatorgene in transienten Expressionstests zu aktivieren oder zu reprimieren. Beispiele hierfür sind die Repression des Metallothioneinpromotors und die Aktivierung des „heatshock" (HSP 70)-Promotors (HSP 70). Die beste Evidenz für eine Funktion nukleärer Proto-Onkogen-Produkte in der Transkriptionskontrolle liegt, wie im weiteren ausgeführt wird, für das *fos*-Protein vor.

Das c-*fos*-Gen ist das zelluläre Homolog der Onkogene verschiedener Osteosarkom-Viren der Maus. Es kodiert ein Produkt von 380 Aminosäuren, das im Chromatin lokalisiert ist. Ein wesentlicher Fortschritt bei der Erforschung der Funktion des c-*fos*-Proteins war der Befund, daß das c-*fos*-Gen innerhalb kürzester Zeit nach Behandlung von Zellen mit Wachstumsfaktoren transient induziert wird. Diese Beobachtung führte zu der Hypothese, daß das c-*fos*-Genprodukt als Antwort auf ein externes Proliferationssignal synthetisiert wird und eine essentielle Funktion bei dem Wiedereintritt von ruhenden Zellen in den Zellzyklus hat. Diese Schlußfolgerung konnte durch experimentelle Daten eindeutig belegt werden. Wird die Synthese von *fos*-Proteinen durch „antisense" *fos*-RNA blockiert, so sind diese Zellen nicht mehr in der Lage, das Ruhestadium selbst bei Stimulation durch Wachstumsfaktoren zu verlassen. Andererseits scheint *fos*-Protein jedoch für die normale Proliferation von Zellen nicht notwendig zu sein, da kein Effekt der „antisense" *fos*-RNA auf proliferierende Zellpopulationen festgestellt werden konnte. Die Funktion des *fos*-Proteins scheint daher mit der Transition vom Ruhezustand in die DNA-Synthese verknüpft zu sein.

Bezüglich der transregulatorischen Eigenschaften des *fos*-Proteins wurden in den letzten Monaten erhebliche Fortschritte erzielt. So konnte gezeigt werden, daß das *fos*-Protein Teil eines Transkriptionskomplexes ist, der an eine spezifische Sequenz (FSE-2-Element) des aP-2-(Adipocyten-Protein-2)-Genpromotors bindet. In diesem System scheint dem *fos*-Protein eine negativ-regulatorische Rolle zuzukommen, da die Deletion des FSE-2-Elements zu einer konstitutiven Expression des normalerweise nur in differenzierten Adipocyten activen aP-2-Promotors führt. Wenig später wurde entdeckt, daß das FSE-2-Element eine Bindestelle für den Transkriptionsfaktor-Faktor AP-1 enthält. Es konnte dann tatsächlich nachgewiesen werden, daß der *fos*-Proteinkomplex, z. B. aus Wachstumsfaktoren stimulierten Fibroblasten, an ein synthetisches Oligonukleotid mit der AP-1 Erkennungssequenz bindet. Es ist daher wahrscheinlich, daß das *fos*-Protein entweder kompetitiv an die gleiche Sequenz bindet wie AP-1, jedoch mit unterschiedlicher Effektorfunktion, oder in einem Transkriptionskomplex zusammen mit AP-1 seine Wirkung ausübt. Interessanterweise konnte gezeigt werden, daß das *fos*-Protein im transienten Expressionstest bestimmte Promotoren, die eine AP-1 Erkennungssequenz enthalten, transaktivieren kann, wie z. B. Collagenase-Promoter oder einen Herpes Virus Thymidinkinase-Promoter, in dem eine AP-1 Bindestelle eingefügt wurde. Die transregulatorische Wirkung des *fos*-Proteins scheint daher bestimmt zu werden durch den Kontext anderer an der Transkriptions-Regulation des betreffenden Gens beteiligter Proteine. Obwohl die transregulatorische Wirkung des *fos*-Proteins als gesichert gelten kann, sind bislang noch keine Gene identifiziert worden, die direkt mit der Kontrolle der Zellproliferation in Zusammenhang gebracht werden können.

Literatur

Angel P, Imagawa M, Chiu R, Srein B, Imbra R jr, Rahmsdorf H jr, Jonat C, Herrlich P, Karin M (1987) Cell 49:729–739

Bohmann D, Bos TJ, Admon A, Nishimura T, Vogt PK, Tjian R (1987) Science 238:1386–139

Distel RJ, Ro H-S, Rosen BS, Groves DL, Spiegelman BM (1987) Cell 49:835–844

Franza BR Jr, Rauscher FJ, Josephs SF, Curran T (1988) Science 239:1150–1153

Lee W, Mitchell P, Tjian R (1987) Cell 49:741–752

Lucibello FC, Neuberg M, Hunter JB, Jenuwein T, Wallich R, Stein B, Schönthal A, Herrlich P (1988) Oncogene 3:43–51

Müller R (1986) Biochim Biophys Acta 823:207–225

Müller R, Klempnauer K-H, Moelling K, Beug H, Vennström B (1988) In: Kline G (ed) Cellular Oncogene Activation. M Dekker Publ, New York, NY pp 1–54

Nishikura K, Murray JM (1987) Mol Cell Biol 7:639–649

Rauscher FJ, Sambucetti LC, Curran T, Distel RJ, Spiegelman BM (1988) Cell 52:471–480

Kooperation der Onkogene v-myc und v-mil bei der Transformation von Hühnermakrophagen

F. von Weizsäcker

Einleitung

Makrophagen sind von mehreren Autoren mit der Entstehung von Arteriosklerose in Zusammenhang gebracht worden. Diskutiert wird u. a. ihre Beteiligung an der Schaumzellbildung (Schaffner et al., 1980), der Entstehung des nekrotischen Kerns von arteriosklerotischen Plaques (Stary, 1982), der Bindung von modifizierten LDL (Goldstein et al., 1979), sowie ihre Einflußnahme auf die Entwicklung der Arteriosklerose mittels Sekretion verschiedener biologisch aktiver Substanzen. Letzteres gilt insbesondere für die „response to injury"-Hypothese (Habenicht, 1988). Unklar ist jedoch, ob Makrophagen eine regressive oder progressive Wirkung auf die Entwicklung von Arteriosklerose haben.

In beiden Fällen wäre es wichtig zu wissen, wie Wachstum und Differenzierung von Makrophagen reguliert werden. Nach heutiger Vorstellung sind Onkogene an der Regulation (und im Falle bösartiger Tumoren Dysregulation) dieser Zellfunktionen beteiligt (Weinberg, 1985). Die vorliegende Arbeit beschreibt den Einfluß zweier Onkogene auf Wachstum und Differenzierung von Makrophagen am Modell des Hühnerleukämievirus MH 2.

Ergebnisse

Das Hühnerleukämievirus MH 2

MH 2 ist ein hühnerpathogenes Retrovirus, das die Onkogene v-myc und v-mil enthält (Abb. 1). Im Huhn ruft es Lymphome, Leber- und Nierentumoren sowie die sogenannte Myelocytomatose hervor. In vitro transformiert es Makrophagen und Fibroblasten, ohne sie zu immortalisieren (Graf et al., 1986). MH 2-transformierte Makrophagen weisen einen unreifen Phänotyp auf, und besitzen die Fähigkeit, in Abwesenheit von exogen hinzugefügtem Wachstumsfaktor zu proliferieren. Als Transformationsparameter werden hier Morphologie, Phagocytoseaktivität, sowie Expression des Transferrinrezeptors und des Zelloberflächenproteins 47/83 betrachtet. Letzteres ist für reife Makrophagen spezifisch (Kornfeld et al., 1983). MH 2-transformierte Makrophagen weisen reifen Makrophagen gegenüber

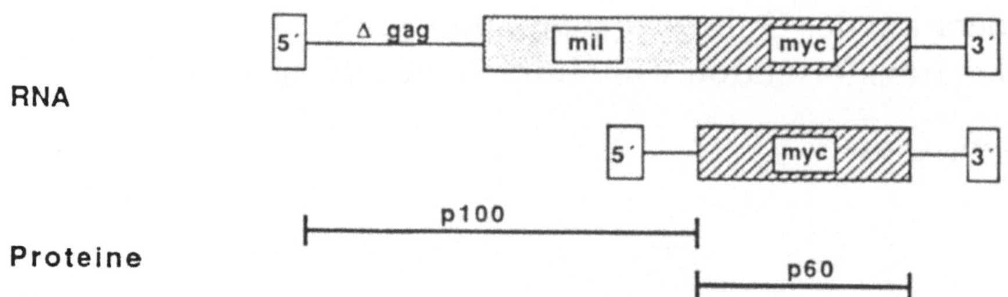

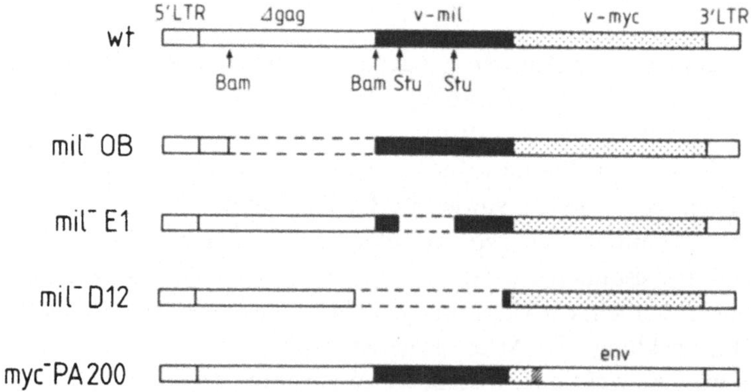

Abb. 1. Das Genom des MH2-Virus. In den beiden oberen Zeilen sind das vollständige MH2-Genom und die subgenomische v-myc RNA dargestellt; die beiden unteren Zeilen zeigen das gag-mil-Protein p100 und das myc-Protein p60

Abb. 2. Genetische Struktur von MH2-Deletionsmutanten im Vergleich zum Wildtyp. Unterbrochene Linien stellen fehlende Sequenzen dar. Die Deletion mil-OB und mil-E1 führen Frameshift-Mutationen in das mil-Gen ein, die einen vorzeitigen Kettenabbruch zur Folge haben. Schrägstreifen: Unsicherheit bzgl. der exakten Lokalisation des Übergangs von myc auf env. *Bam*, Bam H1; *Stu*, StuI (Entnommen aus Graf et al., 1986)

eine erniedrigte Phagocytoseaktivität sowie erniedrigte Expression von 47/83, jedoch eine erhöhte Expression des Transferrinrezeptors auf (von Weizsäcker et al., 1986). Welchen Beitrag leisten v-myc und v-mil bei der Transformation von Makrophagen? Um diese Frage zu beantworten, wurden verschiedene Deletionsmutanten von MH2 untersucht.

Deletionsmutanten von MH2

Abbildung 2 zeigt MH2-Mutanten, die entweder nur v-myc (OB, E1, D12), oder nur v-mil (PA200) exprimieren. Mit allen Mutanten lassen sich Hühnermakrophagen in vitro infizieren. Auf diese Weise kann man selektiv v-myc oder v-mil in Hühnermakrophagen einschleusen. V-myc-infizierte Makrophagen weisen einen Phänotyp auf, der anhand der o.g. Transformationsparameter nicht vom

Phänotyp Wildtyp-MH 2-transformierter Makrophagen zu unterscheiden ist. Im Gegensatz zu letzteren können diese Makrophagen jedoch nur dann proliferieren, wenn man dem Kulturmedium einen hämatopoetischen Wachstumsfaktor zusetzt. In den hier aufgeführten Experimenten wurde der Wachstumsfaktor cMGF (Leutz et al., 1984) verwendet. Dagegen führt die Expression von v-mil in Makrophagen nicht zu einem transformierten Phänotyp.

Kooperation von v-myc und v-mil

Schleust man in v-myc-transformierte Makrophagen mittels Überinfektion v-mil als zweites Onkogen ein, so wachsen diese doppelinfizierten Makrophagen auch ohne Zusatz von cMGF zum Kulturmedium. Wie läßt sich diese Beobachtung erklären? Grundsätzlich sind die folgenden zwei Modelle zur Wirkungsweise von v-mil denkbar.

1) V-mil induziert die Synthese eines Wachstumsfaktors. Dieser wird von der Zelle sezerniert, besetzt entsprechende Rezeptoren auf der Zelloberfläche und stimuliert so ein autokrines Wachstum der Zelle.
2) V-mil stimuliert das Zellwachstum auf direkte Weise, d. h., ohne die Synthese von Mitogenen zu induzieren.

Um zwischen diesen Modellen zu unterscheiden, wurde zunächst der Überstand MH 2-transformierter Makrophagen untersucht; es zeigte sich, daß dieser Über-

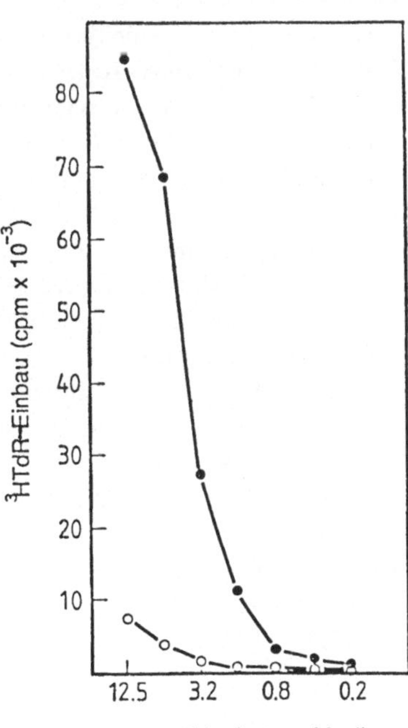

Abb. 3. Effekt von Anti-cMGF-Serum auf die von *wt* MH 2-Makrophagen in das Kulturmedium abgegebene Wachstumsfaktoraktivität. Ein solchermaßen angereichertes Kulturmedium wird „konditioniertes Medium" genannt (siehe Graf et al., 1986). Die Medien wurden entweder mit Anti-cMGF-Serum (Leutz et al., 1984) oder mit Nichtimmunserum desselben Versuchstieres inkubiert und anschließend auf faktorabhängigen, v-myc-transformierten Makrophagen titriert (Graf et al., 1986). *Weiße Kreise*, Anti-cMGF Serum; *schwarze Kreise*, Nichtimmun-Serum

stand eine für Makrophagen wachstumsstimulierende Aktivität enthielt. Diese Aktivität konnte mit Antikörpern gegen cMGF vollständig neutralisiert werden (Abb. 3). Weiterhin konnte das Wachstum von Wildtyp-MH2-transformierten Makrophagen durch direkten Zusatz von Anti-cMGF-Antikörpern zum Kulturmedium inhibiert werden. Diese Befunde lassen schließen, daß v-mil über die Produktion von cMGF zur Wachstumsstimulation MH2-infizierter Makrophagen führt.

Zusammenfassung

Die oben aufgeführten Untersuchungen zeigen, daß v-myc den transformierten Phänotyp MH2-infizierter Makrophagen hervorruft, wogegen die Aktivität von v-mil zur Synthese des Wachstumsfaktors cMGF und damit zu einem autokrinen Wachstum der Zellen führt. Diese Befunde konnten auch durch hier nicht aufgeführte Experimente mit MH2-Mutanten bestätigt werden, die selektiv in v-myc oder v-mil temperaturempfindlich sind (von Weizsäcker et al., 1986).

Literatur

Goldstein JL, Ho YK, Basu, SK, Brown MS (1979) Binding site on macrophages that mediates uptake and degradation of acetylated low density lipoprotein, producing massive cholesterol deposition. PNAS 76:333–337

Graf T, Weizsäcker F von, Grieser S et al. (1986) V-mil induces autocrine growth and enhanced tumorigenicity in v-myc-transformed avian macrophages. Cell 45:357–364

Habenicht AJR (1988) Beitrag in diesem Band. Kornfeld S, Beug H, Döderlein G, Graf T (1983) Detection of avian hematopoetic cell surface antigens with monoclonal antibodies to myeloid cells: their distribution on normal and leukemic cells of various lineages. Exp Cell Res 143:383–394

Leutz A, Beug H, Graf T (1984) Purification and characterisation of cMGF, a novel chicken myeloidmonocytic growth factor. EMBO J 3:3191–3197

Schaffner T, Taylor K, Bartucci EJ, Fischer-Dzoga K, Beeson YH, Glagov S, Wissler RW (1980) Arterial foam cells with distinctive immunomorphologic and histochemical features of macrophages. Am J Pathol 100:57–74

Stary HC (1982) Structure and ultrastructure of the coronary artery intima in children and young adults up to age 29. Proc 6th Int Symp Artherosclerosis. Springer, Berlin Heidelberg New York

Weinberg RA (1985) The action of oncogenes in the cytoplasm and nucleus. Science 230:770–776

Weizsäcker F von, Beug H, Graf T (1986) Temperature-sensitive mutants of MH2 avian leukemia virus that map in the v-mil and the v-myc oncogene respectively. EMBO J 5:1521–1527

Basischer Fibroblasten-Wachstumsfaktor: Möglicher Beitrag zur Pathogenese und Therapie der Arteriosklerose

L. Schweigerer

Der basische Fibroblasten-Wachstumsfaktor wurde 1974 erstmals von Gospodarowicz in Hypophysen nachgewiesen [1]. Da der Faktor 1. einen basischen isoelektrischen Punkt besaß und 2. die Proliferation von Fibroblasten stimulierte, nannte Gospodarowicz ihn „basic fibroblast growth factor" [1], im folgenden mit bFGF bezeichnet.

Physikochemische Eigenschaften

Das bFGF-Gen ist > 34 Kilobasen (KB) und befindet sich auf dem Chromosom 4 [2]. Es kodiert keine Signalsequenz und wird deshalb offenbar nicht auf konventionelle Weise sezerniert [2]. Das Gen kodiert mRNA-Spezies in einer Größenordnung von 3,7 bzw. 7,0 KB [2–4]. Diese ergeben nach Translation das bFGF-Protein. bFGF existiert in verschiedenen Molekulargewichts-Formen. Abhängig vom Gewebe oder der benutzten Isolierungsmethode findet man bFGF-Moleküle in einer Größenordnung von 12000 bis 18000 Dalton [5], wobei die kleineren bFGF-Versionen wahrscheinlich durch N-terminale, proteolytische Spaltung der größeren Formen entstehen [6]. Alle Formen sind bioaktiv [5]: Die bioaktive Domäne befindet sich also im C-terminalen Teil des bFGF-Moleküls.

Gewebsverteilung

bFGF ist vorhanden in fast allen, vom Mesoderm und Neuroektoderm ausgehenden Geweben. Man fand den Faktor in Hypophyse, Gehirn, Retina, Nebenniere, Niere, Plazenta, Corpus luteum, Prostata, Knochen, Knorpel und in soliden Tumoren [5].

Zelluläre Synthese

Wie schon die breite Gewebeverteilung vermuten läßt, wird bFGF in vielen Zellen synthetisiert. Der Faktor ist vorhanden in hypophysären Follikelzellen [7], Astro-

zyten [8], Pigmentzellen der Retina [9], Kortikoid-produzierenden Nebennieren-
rindenzellen [10], Endothelzellen der Gefäßkapillaren [3] und der Kornea [11], in
Myoblasten [12], in Granulosazellen des Ovars [13] und in vielen Tumorzellen [4,
14, 15]. bFGF wird ohne eine konventionelle Signalsequenz synthetisiert [2] und
gelangt deshalb offenbar nicht mittels Sekretion aus der Zelle. Daß bFGF die Zelle verläßt, ist jedoch unbestritten, da viele Zellen spezifische Oberflächen-Rezep-
toren für den Faktor besitzen.

FGF-Rezeptoren

Spezifische Rezeptoren für bFGF (ca. $10^3 - 10^4$/Zelle) existieren auf der Oberfläche vieler Zellen, darunter Fibroblasten, Zellen der glatten Gefäßmuskulatur und
des Endothels und Epithelzellen der Linse [5]. Die Rezeptoren binden bFGF mit
hoher Affinität. Abhängig von Zelltyp und verwendeter Methode findet man Dis-
soziationskonstanten zwischen 20 und 200 pM und Rezeptorgrößen zwischen
120000 und 150000 Dalton [5].

In vitro-Bioaktivität

bFGF modifiziert die Differenzierung vieler Zellen [12]: Der Faktor verhindert die
Fusion von Myoblasten [12] und stimuliert die Differenzierung neuronaler [16]
und anderer Zellen [17]. Die Differenzierungssignale werden direkt durch den
Faktor vermittelt, aber offenbar auch indirekt über die bFGF-induzierte Neubildung extrazellulärer Matrix [17–19]. Kapillarendothelzellen deponieren die Matrix auf ihre Basalseite und erhalten so eine Ausrichtung in eine der Matrix aufsit-
zende Basalseite und eine nichtthrombogene Luminalseite [12, 18]. Damit stabili-
siert bFGF den natürlichen Phänotyp vieler Zellen. In Abwesenheit des Faktors
geht er wieder verloren [18, 19]. bFGF stimuliert auch die Organisation von Kapillarendothelzellen in Kapillaren-ähnlichen Strukturen [20].

Tabelle 1. Effekt von bFGF auf die Proliferation und Differenzierung von Zellen

Endothelzellen der Kapillaren, der großen Gefäße und des Endokards	P	D	Glia und Astrogliazellen	P	D
			Kornea-Endothelzellen	P	D
Glatte Gefäßmuskelzellen	P		Linsen-Epithelzellen	P	
Fibroblasten	P		Nebennierenrindenzellen	P	
Myoblasten	P	D	Granulosazellen der Ovars	P	D
Chondrozyten	P	D	Epithelzellen der Prostata	P	
Osteoblasten	P	D	Melanozyten	P	
Neuronale Zellen	P	D	Mesothelzellen	P	

P: bFGF stimuliert Proliferation; D: bFGF stimuliert Differenzierung.

Der wohl bekannteste Bioeffekt von bFGF ist sein Einfluß auf die Zellproliferation. Der Faktor stimuliert das Wachstum vieler verschiedener Zellen, darunter
Fibroblasten, Myoblasten, Zellen der glatten Gefäßmuskulatur und des Gefäß-
endothels und viele weitere Zellen, die aus dem Neuroektoderm und Mesoderm
hervorgehen [Ref. 5, 12 und Tabelle 1].

In vivo Bioaktivität

Einer der derzeit interessantesten Gegenstände der bFGF-Forschung ist der Einfluß des Faktors auf die Embryonalentwicklung. Kürzlich gelang mehreren Arbeitsgruppen der Nachweis, daß bFGF bzw. eng verwandte Faktoren die Entwicklung des Mesoderms aus undifferenzierten Strukturen instruiert [21–23]. Ver-
mutlich spielt bFGF also eine zentrale Rolle im Rahmen der Embryonalentwicklung. Zukünftige Untersuchungen werden zeigen, ob man Störungen der bFGF-
Expression einem bekannten Mißbildungssyndrom zuordnen kann.

Nicht minder interessant – auch im Hinblick auf die therapeutische Anwendung – ist der Effekt auf die Gewebsregeneration: bFGF stimuliert Proliferation
und Differenzierung aller an der Gewebsregeneration beteiligten Zellen (Tabelle
1). Diese Prozesse lassen sich auch *in vivo* reproduzieren: So zeigte Gospodarowicz bereits 1981, daß bFGF in Amphibien die Regeneration amputierter Glied-
maßen stimuliert [24]. Im Vordergrund der geplanten, zukünftigen therapeuti-
schen Anwendung steht jedoch der Effekt von bFGF auf die Wundheilung. bFGF
ist in erhöhten Mengen nachweisbar im Wundgebiet [24], der Faktor stimuliert die
Bildung von Granulationsgewebe [12] und er beschleunigt die Regeneration der
Kornea und anderer Wundgebiete [5, 12, 24].

Einer der wichtigsten Mechanismen im Rahmen der Wundheilung ist die Ausbildung neuer Kapillaren. Auch diesen Prozeß, als Angiogenese bezeichnet, stimuliert bFGF [25, 26]. Auch hier zeichnet sich natürlich seine mögliche therapeutische Anwendung ab.

bFGF: möglicher Beitrag zur Arteriosklerose-Entstehung

Obwohl viele Hypothesen zur Pathogenese der Arteriosklerose existieren, sind die
Ursachen bislang unbekannt [27]. Eine wichtige Rolle spielen jedoch offenbar
Verletzungen des Endothels und die daran anschließende Migration und Proliferation von glatten Gefäßmuskelzellen [27]. bFGF besitzt einige Eigenschaften, die
eine Beteiligung an diesen Prozessen vermuten lassen. Der Faktor wird synthetisiert in Endothelzellen [3, 28], gelangt aber unter normalen Umständen nur in
ganz geringen Mengen, wenn überhaupt, aus den Zellen [3, 28]. Nach Verletzungen wird er jedoch in größeren Mengen freigesetzt [3, 28] und kann dann natürlich sein biologisches Wirkspektrum an benachbarten Zellen entfalten (Abb. 1).
Dazu gehört auch die Stimulation der Proliferation und Migration glatter Gefäß-

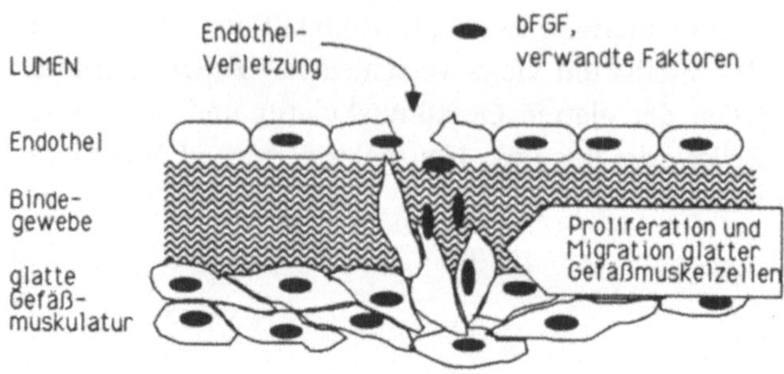

Abb. 1. Möglicher Beitrag von bFGF zur Pathogenese der Arteriosklerose

muskelzellen [Ref. 5, 12 und Abb. 1]. Zukünftige Untersuchungen werden zeigen, ob bFGF tatsächlich an der Pathogenese der Arteriosklerose beteiligt ist.

bFGF: Möglichkeiten der Therapie von Arteriosklerose-Folgezuständen

Wie bereits oben erläutert, stimuliert bFGF die Gewebsregeneration und auch die Ausbildung neuer Kapillaren. Beide Phänomene könnten zur Therapie von Arteriosklerose-Folgezuständen genutzt werden. So wird gegenwärtig bereits am Tiermodell geprüft, ob sich die nach Herzinfarkten einsetzende Neubildung von Gefäßkollateralen durch lokale Implantation von bFGF-Depots beschleunigen läßt.

Literatur

1. Gospodarowicz D (1974) Localisation of a fibroblast growth factor and its effect alone and with hydrocortisone on 3T3 cell growth. Nature 249:123–127
2. Abraham JA, Whang JL, Tumolo A, Fiddes JC (1986) Human basic fibroblast growth factor: Nucleotide sequence, genomic organization, and expression in mammalian cells. Cold Spring Harbor Symp Quant Biol LI:657–668
3. Schweigerer L, Neufeld G, Friedman J, Abraham JA, Fiddes JC, Gospodarowicz D (1987) Capillary endothelial cells express basic fibroblast growth factor, a mitogen that promotes their own growth. Nature 325:257–259
4. Schweigerer L, Neufeld G, Mergia A, Abraham JA, Fiddes JC, Gospodarowicz D (1987) Basic fibroblast growth factor in human rhabdomyosarcoma cells: Implications for the proliferation and neovascularization of myoblast-derived tumors. Proc Natl Acad Sci USA 84:842–846
5. Gospodarowicz D, Neufeld G, Schweigerer L (1986) Fibroblast growth factor. Mol Cell Endocrinol 46:187–204
6. Klagsbrun M, Smith S, Sullivan R, Shing Y, Davidson S, Smith JA, Sasse J (1987) Multiple forms of basic fibroblast growth factor: Amino-terminal cleavages by tumor cell and brain cell-derived acid proteinases. Proc Natl Acad Sci USA 84:1839–1843
7. Ferrara N, Schweigerer L, Neufeld G, Mitchell R, Gospodarowicz D (1987) Pituitary follicular cells produce basic fibroblast growth factor. Proc Natl Acad Sci USA 84:5773–5777
8. Pettmann B, Labourdette G, Weibel M, Sensenbrenner M (1986) The brain fibroblast growth factor is localized in neurons. Neurosci Lett 68:175–180

9. Schweigerer L, Malerstein B, Neufeld G, Gospodarowicz D (1987) Basic fibroblast growth factor is synthesized in cultured retinal pigment epithelial cells. Biochem Biophys Res Commun 143:934–940

10. Schweigerer L, Neufeld G, Friedman J, Abraham JA, Fiddes JC, Gospodarowicz D (1987) Basic fibroblast growth factor: Production and growth stimulation in cultured adrenal cortex cells. Endocrinology 120:796–800

11. Schweigerer L, Ferrara N, Neufeld G, Gospodarowicz D (1988) Basic fibroblast growth factor: Expression in cells derived from corneal endothelium and lens epithelium. Exp Eye Res 46:71–80

12. Gospodarowicz D, Ferrara N, Schweigerer L, Neufeld G (1987) Structural characterization and biological functions of fibroblast growth factor. Endocrine Rev 8:95–114

13. Neufeld G, Ferrara N, Schweigerer L, Mitchell R, Gospodarowicz D (1987) Bovine granulosa cells produce basic fibroblast growth factor. Endocrinology 121:597–603

14. Schweigerer L, Neufeld G, Gospodarowicz D (1987) Basic fibroblast growth factor is present in cultured human retinoblastoma cells. Invest Ophthalmol Vis Sci 28:1838–1843

15. Schweigerer L, Neufeld G, Gospodarowicz D (1987) Basic fibroblast growth factor as a growth inhibitor for cultured human tumor cells. J Clin Invest 80:1516–1520

16. Togari A, Baker D, Dickens G, Guroff G (1983) The neurite-promoting effect of fibroblast growth factor on PC-12 cells. Biochem Biophys Res Commun 114:1189–1194

17. Kato Y, Gospodarowicz D (1985) Sulfated proteoglycan synthesis by rabbit costal chondrocytes grown in the presence and absence of fibroblast growth factor. J Cell Biol 100:477–482

18. Vlodavsky I, Johnson LK, Greenburg G, Gospodarowicz D (1979) Vascular endothelial cells maintained in the absence of fibroblast growth factor undergo structural and functional alterations that are incompatible with their in vivo differentiated properties. J Cell Biol 83:468–486

19. Gospodarowicz D, Vlodavsky I, Savion N (1981) The role of fibroblast growth factor and the extracellular matrix in the control of proliferation and differentiation of corneal endothelial cells. Vision Res 21:87–103

20. Montesano R, Vassali JD, Baird A, Guillemin R, Orci L (1986) Basic fibroblast growth factor induces angiogenesis in vitro. Proc Natl Acad Sci USA 83:7297–7301

21. Slack JMW, Darlington BG, Heath JK, Godsave SF (1987) Heparin binding growth factors as agents of mesoderm induction. Nature 326:197–199

22. Born J, Davids M, Tiedemann H (1987) Affinity chromatography of embryonic inducing factors on heparin-Sepharose. Cell Diff 21:131–136

23. Kimelman D, Kirschner M (1987) Synergistic induction of mesoderm by FGF and TGF-β and the identification of an mRNA coding for FGF in the early Xenopus embryo. Cell 51:869–877

24. Gospodarowicz D, Mescher AL (1981) Fibroblast growth factor and vertebrate regeneration. Adv Neurol 29:149–171

25. Gospodarowicz D, Bialecki H, Thakral TK (1979) The angiogenic activity of the fibroblast and epidermal growth factor. Exp Eye Res 28:501–514

26. Folkman J, Klagsbrun M (1987) Angiogenic factors. Science 235:442–447

27. Ross R (1986) The pathogenesis of arteriosclerosis: An update. N Engl J Med 314:488–500

28. Vlodavsky I, Folkman J, Sullivan R, Fridman R, Ishai-Michaeli R, Sasse J, Klagsbrun M (1987) Endothelial cell-derived basic fibroblast growth factor: Synthesis and deposition into subendothelial extracellular matrix. Proc Natl Acad Sci USA 84:2292–2296

Transforming Growth Factor Beta als Mediator bei Gewebsumbauprozessen

J. Pfeilschifter

Die Entwicklung arteriosklerotischer Intimaläsionen geht mit einem morphologischen Bild einher, daß in vielen Aspekten dem einer Entzündungsreaktion ähnlich ist. Kennzeichnend hierfür sind zwei Hauptelemente des arteriosklerotischen Plaques: die Proliferation glatter Gefäßmuskelzellen und das Vorkommen zahlreicher Makrophagen innerhalb der Läsion [1]. Den sichtbaren morphologischen Veränderungen liegt eine komplexe Interaktion lokaler Gewebsfaktoren zugrunde, die den Ablauf der in der Gefäßwand stattfindenden Umbauvorgänge bestimmen. Die Kenntnis dieser den Gewebsumbau innerhalb der Intima verursachenden Faktoren, sowie ihrer Wirkungen und ihrer Regulation ist daher von großer Bedeutung für das Verständnis der Entwicklung arteriosklerotischer Läsionen.

Innerhalb der letzten Jahre sind zahlreiche Faktoren charakterisiert worden, denen eine potentielle Bedeutung bei Umbauvorgängen im Körper im Rahmen entzündlicher oder physiologischer Prozesse zukommt. Diese umfassen neben Immunzellprodukten (Interleukine, Interferon-gamma, Tumor Necrosis Factor, Lymphotoxin) lokale Gewebsmediatoren wie die Somatomedine und Prostaglandine und Thrombozytenprodukte wie Platelet Derived Growth Factor. Unter den Faktoren, die aufgrund ihres Wirkungsspektrums für die Modulation von lokalen Umbauvorgängen prädestiniert sind, befindet sich auch Transforming Growth Factor Beta (TGF-β). Die Vielfalt seiner Wirkungen, insbesondere die häufig inhibitorischen und biphasischen Wirkungen auf Proliferation und Differenzierung heben diesen Faktor aus dem Kreis der bisher bekannten Wachstums- und Differenzierungsfaktoren hervor.

TGF-β

TGF-β ist ein Polypeptid mit einem Molekulargewicht von 25 kD. Es besteht aus zwei identischen 12,5 kD Monomeren, die über Disulfidbrücken gekoppelt sind. Seinen Namen verdankt TGF-β der Eigenschaft, die Proliferation nichttransformierter Zellen in semisoliden Medien zu fördern und Koloniebildung anzuregen, die spontan nur bei transformierten Zellen beobachtbar ist. TGF-β wirkt hierbei synergistisch mit Transforming Growth Factor Alpha (TGF-α). Während TGF-α

jedoch bisher nur in Tumorzellinien und embryonalem Gewebe nachgewiesen werden konnte, scheint TGF-β ubiquitär im Körper vorzukommen. Viele Zellinien produzieren TGF-β und die meisten Zellen besitzen mehrere Subklassen spezifischer Rezeptoren für TGF-β [2]. Hauptspeicherort für TGF-β scheinen Thrombozyten und die Knochenmatrix zu sein, ein Indiz für die Bedeutung dieses Faktors bei Gewebsumbauvorgängen.

Inzwischen sind zwei zu 70% homologe Formen bekannt – TGF-β 1 und 2 –, die eine unterschiedliche Affinität für die verschiedenen TGF-β Rezeptorklassen zeigen, deren individuelle Bedeutung für die Vermittlung von TGF-β Wirkungen jedoch noch nicht geklärt ist. Beide Faktoren gehören zu einer größeren „Familie" von homologen Wachstums- und Differenzierungsfaktoren, zu denen neben den gonadalen Inhibinen und Aktivinen auch die „Müllerian Inhibitory Substance" gehört, ein Protein, das die Regression weiblicher rudimentärer Anlagen während der Entwicklung des männlichen Reproduktionssystems bewirkt [3].

Alle bisherigen Untersuchungen in vitro zeigen, daß TGF-β von den Zellen als inaktiver hochmolekularer Komplex freigesetzt wird und erst durch Abspaltung eines spezifischen Bindungsproteins biologisch aktiv wird. Eine solche Aktivierung erfolgt exponentiell mit abnehmendem pH und bei Temperaturen oberhalb von 65 °C. Eine mögliche physiologische Aktivierung von TGF-β könnte durch Proteasen erfolgen. Vorläufige Befunde deuten an, daß Plasmin möglicherweise in der Lage ist, TGF-β zu aktivieren. Da TGF-β von vielen Zellen in größeren Mengen inaktiv gebildet wird, aber bereits im ng-Bereich maximale Wirkungen in vitro zeigt, könnte der Aktivierung von TGF-β die entscheidende Schlüsselrolle bei der Regulierung der Wirkung dieses Faktors zukommen.

TGF-β beeinflußt die Proliferation und Differenzierung zahlreicher Zellarten, wobei TGF-β je nach Zellart und Kulturbedingungen sowohl inhibitorisch wie stimulatorisch wirksam sein kann. TGF-β stimuliert das Wachstum vieler mesenchymaler Zellen, während es die Proliferation epithelialer Zellen in der Regel hemmt. Die fördernde Wirkung von TGF-β auf die Proliferation mesenchymaler Zellen ist dabei möglicherweise durch die TGF-β-vermittelte Freisetzung anderer Wachstumsfaktoren bedingt.

Über seine Wirkung auf Wachstums- und Differenzierungsprozesse hinaus hat TGF-β zahlreiche nicht direkt an diese gebundene Wirkungen. So potenziert TGF-β z. B. die Wirkung von Follikel-stimulierendem Hormon (FSH) auf die Produktion von Progesteron und Östrogenen und reguliert die FSH-induzierte Bildung von Rezeptoren für luteinisierendes Hormon (LH).

Der molekulare Wirkungsmechanismus von TGF-β ist bisher noch unklar. Die Weiterleitung eines entsprechenden Signals vom TGF-β-Rezeptor ist jedoch wahrscheinlich von dem anderen Wachstumsfaktoren gemeinsamen Tyrosin Kinase vermittelten Reaktionsweg, verschieden.

TGF-β und Wundheilung

Es gibt zunehmend Hinweise dafür, daß zahlreiche biologische Einzelwirkungen von TGF-β in vitro im Sinne von übergeordneten Reaktionsschemata ablaufen können. Eine dieser übergeordneten Funktionen von TGF-β könnte die Förderung von Wundheilungsprozessen sein.

TGF-β wird von vielen Zellelementen freigesetzt, die sich während der initialen Phase der Reaktion des Körpers auf eine Verletzung an der Stelle der Läsion finden. Thrombozyten sind ein Hauptspeicherort für TGF-β, und TGF-β wird bei der Degranulation von Thrombozyten freigesetzt. Aktivierte Makrophagen zeigen eine vielfach vermehrte Freisetzung von TGF-β in vitro. TGF-β wirkt zudem im pg-Bereich chemotaktisch auf Makrophagen und vermag diese somit auch an den Ort der Läsion zu dirigieren.

Eine der vielleicht bedeutsamsten Wirkungen von TGF-β ist jedoch die Förderung der extrazellulären Matrixakkumulation durch mesenchymale Zellen. Einzelheiten diese Regulation durch TGF-β sind in den letzten zwei Jahren aufgeklärt worden und umfassen sowohl die vermehrte Synthese von Kollagen und Fibronectin [4], wie auch die verminderte Degradation von Matrixproteinen [5]. Die Stimulation von Kollagen- und Fibronectinsynthese erfolgt wahrscheinlich − zumindest teilweise − über eine vermehrte Gentranskription. Darüber hinaus stimuliert TGF-β die Synthese von Plasminogen-Aktivator-Inhibitoren und vermindert die Synthese von Gewebs-Plasminogen-Aktivator, einer Protease, die die Umwandlung von Plasminogen in Plasmin bewirkt. Plasmin ist direkt proteolytisch für zahlreiche Matrixprodukte und ist in der Lage, latente Kollagenase zu aktivieren. Ein weiterer Proteaseinhibitor, dessen Synthese TGF-β stimuliert, ist der Metalloproteinase-Gewebsinhibitor (TIMP), während die Synthese von Metalloproteinen gleichzeitig inhibiert wird. Diese kombinierte Wirkung von TGF-β auf Matrixsynthese und Verhinderung von Matrixabbau macht TGF-β somit zu einem wirkungsvollen Förderer der Matrixakkumulation.

TGF-β ist chemotaktisch für Fibroblasten und fördert die Proliferation von Fibroblasten und ermöglicht damit eine vermehrte Matrixbildung auch durch eine Vermehrung fibroblastärer Zellen im Wundheilungsgebiet.

Viele dieser in vitro gewonnenen Kenntnisse ließen sich inzwischen auf die in vivo Situation übertragen. So kommt es nach subkutaner Injektion von TGF-β in Versuchstiere zu einer ausgeprägten Ausbildung von Granulationsgewebe [6]. Erwartungsgemäß führt TGF-β auch zu einer Verbesserung der Wundheilung in artifiziell gesetzten Hautläsionen [7].

TGF-β und Knochengewebsumbau

Eine der Regeneration von Verletzungen ähnliche, jedoch physiologische Regeneration durch TGF-β zeichnet sich möglicherweise während des Knochengewebsumbaus ab. Adulter Knochen unterliegt auch nach Abschluß des Knochenwachstums einem ständigen Umbauprozeß, der durch einen Abbau der verkalkten Knochenmatrix durch mehrkernige Osteoklasten und einen erneuten Aufbau durch matrixproduzierende Osteoblasten gekennzeichnet ist. Die „Läsionen", die der Osteoklast dabei am Knochen setzt, werden oft direkt an der gleichen Stelle wieder mit Matrix aufgefüllt, eine Beobachtung, die schon vor Jahren zur Postulierung von sogenannten „Coupling"-Faktoren führte, die während der Knochenresorption lokal freigesetzt werden und Osteoblasten zur Matrixsynthese anregen.

Möglicherweise ist TGF-β einer dieser „Coupling"-Faktoren. Knochenmatrix ist neben Thrombozyten der Hauptspeicher für TGF-β. Eine stimulierte Knochenresorption durch Parathormon, Interleukin 1 oder 1,25-Dihydroxy-Vitamin D3 führt in Knochengewebskulturen zu einer vermehrten TGF-β-Aktivität im Überstand dieser Kulturen, während eine Hemmung der Knochenresorption durch Calcitonin die TGF-β-Aktivität im Überstand hemmt. Da die direkte Umgebung des Osteoklasten während der Resorption einen sehr niedrigen pH aufweist, könnte diese vermehrte Aktivität möglicherweise auf einer Aktivierung von latentem TGF-β beruhen, das während der Resorption aus der Knochenmatrix freigesetzt wird oder von osteoblastären Zellen in der Umgebung der Resorptionsstelle gebildet wird [8].

TGF-β ist ein wirkungsvoller Stimulator der Proliferation osteoblastärer Zellen und fördert in Osteoblasten ebenso wie in Fibroblasten die Synthese von Kollagen [9]. Darüber hinaus inhibiert TGF-β auch in osteoblastären Zellen die Aktivität von Gewebsproteinasen und fördert somit die Matrixakkumulation.

TGF-β kann in Knochengewebskulturen von Mäusecalvarien über eine Freisetzung von Prostaglandinen eine weitere Resorption begünstigen, jedoch haben sich sowohl in Organ- als auch in Zellkulturmodellen Hinweise für eine Hemmung der Osteoklastenneubildung ergeben, so daß TGF-β hierdurch eine weitere Resorption verhindern könnte.

TGF-β und Arteriosklerose

Die obengenannte mögliche Rolle von TGF-β als Mediator der Gewebsregeneration läßt die Rolle von TGF-β auch bei der Entwicklung von arteriosklerotischen Läsionen interessant erscheinen. Die Präsenz zahlreicher Makrophagen in arteriosklerotischen Plaques sowie die bereits erwähnte Tatsache, daß Thrombozyten einer der Hauptspeicher von TGF-β sind, machen die Freisetzung von TGF-β bei Gefäßwandläsionen wahrscheinlich. Zudem wird TGF-β auch von den lokalen Zellen der Gefäßintima freigesetzt und mag in diesem Zusammenhang in der Homöostase der Gefäßwand mitbeteiligt sein.

TGF-β führt auch in glatten Gefäßmuskelzellen zu einer Steigerung der Matrixsynthese in vitro, kann aber im Gegensatz zu seiner Wirkung auf Fibroblasten und Osteoblasten die Proliferation der glatten Gefäßmuskulatur hemmen, und wirkt antagonistisch zu Faktoren wie Platelet Derived Growth Factor, die eine Steigerung der Proliferation der Gefäßmuskelzellen bewirken [10].

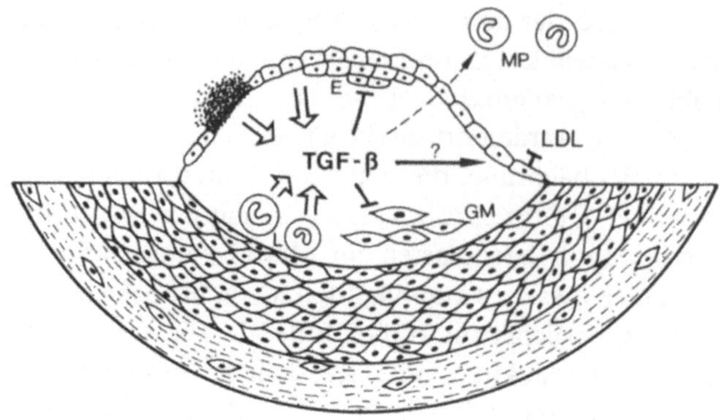

Abb. 1. Die mögliche Freisetzung und Wirkung von TGF-β in arteriosklerotischen Läsionen. Dargestellt ist an einem Gefäßquerschnitt die mögliche Freisetzung von TGF-β aus Thrombozyten, Endothelzellen (*E*) Makrophagen (*MP*) und Lymphozyten (*L*). Zum Wirkungsspektrum von TGF-β gehören die Beeinflussung der Proliferation der Endothelzellen und der glatten Gefäßmuskulatur (*GM*), eine chemotaktische Wirkung auf Makrophagen und möglicherweise eine (bisher nur bei Nebennierenzellen beschriebene) Beeinflussung von Rezeptoren für Low Density Lipoproteine (*LDL*)

Während TGF-β in Monolayerkulturen das Wachstum von Endothelzellen hemmt [11], kommt es in vivo zu einer Stimulation der Angiogenese [6]. Möglicherweise ist dieser in vivo Effekt sekundär bedingt und könnte auf der Freisetzung eines endothelzellproliferierenden Faktors durch TGF-β stimulierte Makrophagen beruhen. Es gibt jedoch auch Hinweise dafür, daß TGF-β auch in Monokulturen von Endothelzellen deren Proliferation dann stimulieren kann, wenn diese in einer Kollagenmatrix kultiviert werden. Eine schematische Darstellung der potentiellen Freisetzung und Wirkung von TGF-β in arteriosklerotischen Intimaveränderungen ist in Abb. 1 zusammengefaßt.

Die bisherigen Untersuchungen deuten an, daß TGF-β wahrscheinlich die Entwicklung von Intimaläsionen maßgeblich beeinflussen kann. TGF-β ist bisher einer der wenigen lokalen Faktoren, deren hemmende Wirkung auf die Proliferation der glatten Gefäßmuskelzellen gezeigt werden konnte, die im Vordergrund der Pathogenese der arteriosklerotischen Läsion zu stehen scheint. Die bisherigen Untersuchungen lassen jedoch noch nicht endgültig beurteilen, ob TGF-β die Regeneration von Intimaläsionen fördern oder hemmen kann oder durch eine „überschießende" Regeneration eine negative Wirkung haben könnte. Es wird die Aufgabe weiterer Studien sein, die genaue Wirkung von TGF-β im arteriosklerotischen Umbauprozeß der Gefäßwand zu klären.

Literatur

1. Ross R (1986) The pathogenesis of atherosclerosis − an update. N Engl J Med 314:488−500
2. Sporn MB, Roberts AB, Wakefield LM, de Crombrugghe B (1987) Some recent advances in the chemistry and biology of transforming growth factor-beta. J Cell Biol 105:1039−1045
3. Massague J (1987) The TGF-β family of growth and differentiation factors. Cell 49:437−438
4. Ignotz R, Massague J (1986) Transforming growth factor-beta stimulates the expression of fibronectin and collagen and their incorporation into the extracellular matrix. J Biol Chem 261:4337−4345
5. Laiho M, Saksela O, Andreasen PA, Keski-Oja J (1987) Enhanced production and extracellular deposition of the endothelial-type plasminogen activator inhibitor in cultured human lung fibroblasts by transforming growth factor-beta. J Cell Biol 103:2403−2410
6. Roberts AB, Sporn MB, Assoian RK (1986) Transforming growth factor type-beta: Rapid induction of fibrosis and angiogenesis in vivo and stimulation of collagen formation in vitro. Proc Natl Acad Sci USA 83:4167−4171
7. Mustoe TA, Pierce GF, Thomason A, Gramates P, Sporn MB, Deuel TF (1987) Transforming growth factor type beta induces accelerated healing of incisional wounds in rats. Science 237:1333−1336
8. Pfeilschifter J, Mundy GR (1987) Modulation of type beta transforming growth factor activity in bone cultures by osteotropic hormones. Proc Natl Acad Sci USA 84:2024−2028
9. Centrella M, McCarthy TL, Canalis E (1987) Transforming growth factor beta is a bifunctional regulator of replication and collagen synthesis in osteoblast enriched cell cultures from fetal rat bone. J Biol Chem 262:2869−2874
10. Majack DA (1987) Beta-type transforming growth factor specifies organizational behavior in vascular smooth muscle cell cultures. J Cell Biol 105:465−471
11. Heimark RL, Twardzik DR, Schwartz SM (1986) Inhibition of endothelial regeneration by type-beta transforming growth factor from platelets. Science 233:1078−1080

Intrazelluläre Mechanismen der Proliferationskontrolle durch Wachstumsfaktoren und Onkogenprodukte

D. Marmé

Der Begriff Wachstumsfaktoren umfaßt alle diejenigen Proteine, die über spezifische Rezeptoren die Zellproliferation kontrollieren. In der Regel unterscheiden sie sich von den klassischen Hormonen dadurch, daß sie para- oder autokrin wirken. Neben der Induktion der Zellproliferation und deren Hemmung spielen sie auch eine entscheidende Rolle bei der Differenzierung, der Chemotaxis und der Funktionskontrolle von Zellen, die an Entzündungsprozessen und Immunreaktionen beteiligt sind. Da hier auf diese vielfältigen Funktionen im Detail nicht eingegangen werden soll, sei auf zwei kürzlich erschienene Übersichtsartikel zu dieser Thematik verwiesen [1, 2].

Seit der Entdeckung der Onkogene und der Aufklärung der Funktion einiger ihrer Produkte wird auch deutlich, daß es eine enge Beziehung zwischen Wachstumsfaktoren, ihren nachgeschalteten zellulären Wirkungen und den Onkogenprodukten gibt. So ist z. B. das Produkt des v-sis Gens des Siman Sarcoma Virus homolog zum Produkt des c-sis Gens, das für die B-Kette des PDGF kodiert. Dieser Zusammenhang läßt sich für viele Komponenten Wachstumsfaktor-induzierter Signalreaktionsketten nachweisen [3]. Die Kenntnis der molekularen Mechanismen der Proliferationskontrolle normaler Zellen ist daher Voraussetzung für das Verständnis der Vorgänge bei der Zelltransformation.

In diesem Beitrag werden zunächst die interzellulären Prozesse beschrieben, die durch Wachstumsfaktoren und Onkogenprodukte in Gang gesetzt werden. Danach wird ein Modell der Homöostase der Arterienwand vorgestellt und diskutiert, wie die Störung des komplexen Zusammenspiels verschiedener Zelltypen zu den pathogenen Veränderungen führen kann, wie sie bei der Arteriosklerose beobachtet werden.

Wachstumsfaktor Rezeptoren und ihre Funktion

Alle Wachstumsfaktoren binden hochaffin an spezifische Rezeptoren auf der Außenseite der Targetzellen. Das Vorhandensein solcher Rezeptoren bestimmt also, ob eine Zelle durch den entsprechenden Wachstumsfaktor aktiviert werden kann. Daher kommt der geregelten Expression von Rezeptoren eine große Bedeutung

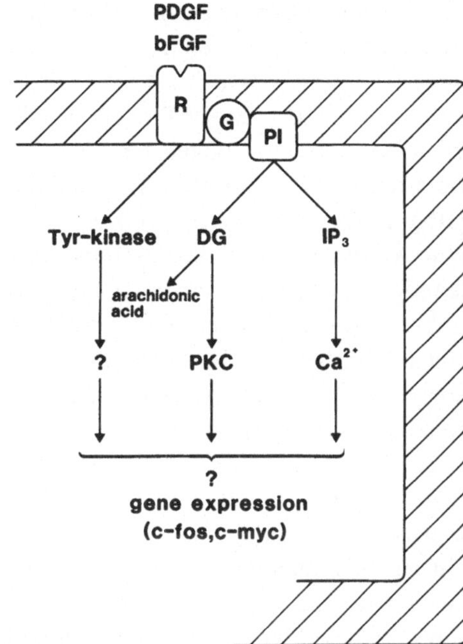

Abb. 1. Intrazelluläre Aktivitäten, die durch die Bindung von Wachtumsfaktoren an ihren Rezeptor induziert werden. R, Rezeptor; G, G-Protein; PI, Phosphatidylinositole; Tyr-Kinase, intrinsische Protein(Tyrosin)-Kinase des Wachstumsfaktor-Rezeptors; DG, Diacylglycerol; IP_3, Inositol 1,4,5-triphosphat; PKC, Protein Kinase C

zu. Überexpression, wie sie z. B. in der Zellinie A 431 für den Rezeptor von EGF beobachtet wurde, hat eine Überaktivierung dieser Zellen durch EGF zur Folge. Da in vielen Zellinien aus Krebsgewebe eine Überexpression von Rezeptoren beobachtet wurde, geht man davon aus, daß die dadurch bedingte übermäßige Aktivierung der Zellen mit der malignen Transformation in Zusammenhang steht. Nach Bindung von Wachstumsfaktoren kommt es in der Regel zu einer Internalisierung der Rezeptoren, die dann entweder proteolytisch abgebaut oder aber in speziellen Vesikeln gespeichert werden. Dieser Mechanismus der „down-regulation" kann als Selbstschutz der Zellen gegen Überstimulierung z. B. durch ein Überangebot von Wachstumsfaktoren angesehen werden. Ein Defekt bei der Internalisierung hat ebenfalls eine übermäßige Aktivierung zur Folge und ist damit potentiell pathogen.

Wie gelangt nun das Signal nach der Bindung des Wachstumsfaktors an seinen Rezeptor in die Zelle oder, anders ausgedrückt, welche Aktivität des Rezeptors wird durch die Bindung ausgelöst. In Abb. 1 sind diese Vorgänge schematisch und vereinfacht dargestellt. Nach derzeitigem Kenntnisstand geht man davon aus, daß zwei Prozesse durch die Bindung des Liganden in Gang kommen: (1) Die intrinsische Protein(Tyrosin)-Kinase-Aktivität des Rezeptors wird stimuliert. (2) Der Abbau von Polyphosphatidylinositol wird verstärkt.

Für die meisten Wachstumsfaktor-Rezeptoren wurde eine stimulierbare Protein(Tyrosin)-Kinase-Aktivität nachgewiesen, so z. B. für PDGF, IGF, EGF, bFGF, CSF. Die Art und Weise, wie diese Aktivität mit der Zellproliferation in Verbindung steht, ist jedoch derzeit noch völlig unklar. Allerdings hat die Tatsache, daß die Protein(Tyrosin)-Kinase des viralen src Onkogenproduktes in einem kausalen Zusammenhang mit der malignen Zelltransformation gesehen wird, die Beteiligung von Protein(Tyrosin)-Kinasen an der Kontrolle der Proliferation wahrscheinlich gemacht. Der zweite Prozeß, der durch die Bindung eines Wachstumsfaktors an seinen Rezeptor eingeleitet wird, ist der verstärkte Abbau von Polyphosphatidylinositol. Wie in Abb. 1 dargestellt, entstehen dadurch Inositol-1,4,5-phosphat (IP$_3$) und Diacylglycerol (DG). Ob die erhöhte Bildung von IP$_3$ und DG durch eine Aktivierung der Phosphoinositidase, etwa vemittelt durch ein G-Protein, zustande kommt oder ob durch Aktivierung der Phosphoinositol-Kinasen mehr Substrat für die Phosphoinositidase bereitgestellt wird, ist derzeit noch unklar. Für die Existenz beider Mechanismen gibt es Hinweise. Möglicherweise hängt es sowohl vom Wachstumsfaktor als auch vom Zelltyp ab, welcher Weg zur erhöhten Bereitstellung der second messenger IP$_3$ und DG realisiert wird.

Die im vorigen Abschnitt besprochenen, zunächst unterschiedlich erscheinenden Rezeptoraktivitäten lassen sich hypothetisch auch zusammenfassen: Die intrinsische Protein(Tyrosin)-Kinase modifiziert durch Phosphorylierung an Tyrosin ein oder mehrere Enzyme des Phosphatidylinositol-Metabolismus und dies führt dann zu einer Steigerung der zellulären Konzentration von IP$_3$ und DG. Obwohl diese Hypothese experimentell noch nicht bewiesen ist, spricht doch einiges für sie. So haben z. B. die meisten, durch virale Onkogene transformierten Zellen einen erhöhten Phosphatidylinositol-Metabolismus; insbesondere gilt dies für solche Onkogene, deren Produkte Protein(Tyrosin)-Kinase-Aktivität haben. Eine weitere Stützung erfährt die Hypothese durch die Tatsache, daß die durch DG aktivierte PKC mit der Kontrolle zellulärer Differenzierung und Proliferation in Zusammenhang gebracht wird, also mit den Prozessen, an deren Regulation auch die Wachstumsfaktor-Rezeptoren beteiligt sind.

Das Second Messenger Konzept

Die klassischen Hormone (primäre messenger) übertragen ihre Information über spezifische Rezeptoren auf die zellulären second messenger cAMP, cGMP und Ca^{2+}. Eine direkte Wirkung von Wachstumsfaktoren auf die Adenylat- bzw. Guanylatzyklase wurde bisher nicht nachgewiesen. Indirekt kann es jedoch zu einem Anstieg von cAMP kommen. Wie in Abb. 2 schematisch dargestellt, wird durch Wachstumsfaktoren die Bildung von DG gesteigert. DG wird von der Phospholipase A$_2$ weiter abgebaut. Dadurch kommt es zur Bildung von Arachidonsäure, die zu biologisch aktiven Substanzen, unter anderem Protaglandine, metabolisiert wird. Protaglandin vom E-Typ verläßt die Zelle, bindet an der Oberfläche an spezifische Rezeptoren, deren Aktivierung dann zum Anstieg des zellulären cAMP führt. Dies wurde für PDGF und FGF beobachtet. Andere Wachstumsfaktoren wie EGF lassen die cAMP Konzentration unverändert.

Man geht heute allgemein davon aus, daß Wachstumsfaktoren primär die Konzentration von DG und IP$_3$ über einen verstärkten Abbau von Polyphosphatidyl-

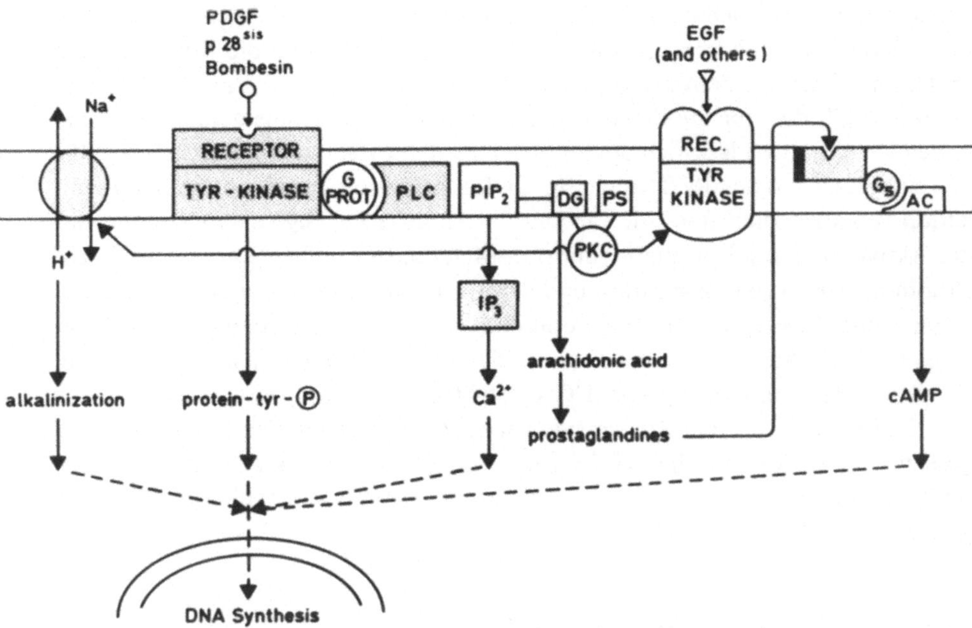

Abb. 2. Intrazelluläre Wechselwirkungen. *PLC*, Phsphoinositidase (früher Phospholipase C); *Gₛ*, stimulierendes G-Protein; *AC*, Adenylatcyclase; *Protein-tyr-P*, an Tyrosin phosphoryliertes Protein; weitere Abkürzungen wie in Abb. 1)

inositolen erhöhen. Wie im Abschnitt über Rezeptoraktivitäten bereits erwähnt, ist jedoch nicht klar, ob dies durch Aktivierung der Phosphatidylinositol-Kinase oder der Phosphoinositidase geschieht.

Der Anstieg von IP$_3$ führt zu einer Freisetzung von Ca^{2+} aus intrazellulären Kompartimenten, in der Regel aus dem endoplasmatischen Retikulum. Die dadurch erhöhte freie zytoplasmatische Ca^{2+}-Konzentration führt zur Aktivierung Ca^{2+}-abhängiger Prozesse, dies zumeist Calmodulin-vermittelt. Der zweite, bei dem Abbau der Polyphosphoinositole frei werdende second messenger ist das Diacylglycerol. DG verbleibt wegen seines lipophilen Charakters in der Membran und aktiviert dort zusammen mit Phosphatidylserin die PKC. Dieses Enzym ist von besonderem Interesse, weil es durch Tumorpromotoren, wie z. B. Phorbolester, aktiviert wird und zwar an der Stelle, an der auch DG angreift. Da Phorbolester und synthetische Diacylglycerole mitogen wirken, vermutet man eine Funktion der aktivierten PKC bei der Proliferationskontrolle. Über die PKC können sich Wachstumsfaktor-Rezeptoren auch gegenseitig in ihrer Funktion beeinflussen. Stimulierung des PDGF-Rezeptors führt über die aktivierte PKC zur Inhibition der Protein(Tyrosin)-Kinase-Aktivität des EGF-Rezeptors und zur Abnahme der Affinität des Rezeptors zum Liganden (siehe Abb. 2). Als weiteres frühes Ereignis auf dem Wege zur Wachstumsfaktor-vermittelten Proliferation wird eine Alkalinisierung des Cytoplasmas beobachtet. Wie in Abb. 2 dargestellt, kommt dies durch eine PKC-vermittelte Aktivierung des Na$^+$/H$^+$-Antiporters zustande.

Insgesamt lassen sich also eine Reihe von frühen zellulären Antworten auf die Stimulierung durch Wachstumsfaktoren nachweisen. Obwohl die Konsequenzen im Hinblick auf das Zellwachstum im einzelnen noch nicht verstanden sind, insbesondere gilt dies für die Frage, wie das mitotische Signal aus dem Cytoplasma in den Kern gelangt, läßt sich doch feststellen, daß offenbar ein ganzes Ensemble von cytoplasmatischen Reaktionen für die Initiation von Transkription und Replikation verantwortlich sind [4]. Die kausale Sequenz der Signalkette beginnt mit der Aktivierung des Phosphatidylinositol-Metabolismus. Dies führt einerseits zur Erhöhung der DG-Konzentration und damit zur Aktivierung der PKC und andererseits zum Anstieg des freien cytoplasmatischen Ca^{2+} und damit zur Aktivierung Ca^{2+}-abhängiger Prozesse, auch dies in der Regel Phosphorylierungen. Durch die Metabolisierung von DG entsteht cAMP. Dadurch werden über die cAMP-abhängige Protein-Kinase eine ganze Reihe weiterer Reaktionen in Gang gesetzt. Hinzu kommt die Aktivierung der Wachstumsfaktor-Rezeptor-Protein(Tyrosin)-Kinase (siehe Abb. 2). Insgesamt spielen also Phosphorylierungsvorgänge eine bedeutende Rolle.

Onkogenprodukte und ihre Funktion

Wie bereits erwähnt, gibt es eine ganze Reihe von Onkogenen, deren Produkte in der Signalreaktionskette der Wachstumsfaktoren ihre Aktivität entfalten. In Abb. 3 ist dargestellt, auf welcher Ebene dies geschieht.

Neben dem Produkt des sis Onkogenes, das für die B-Kette des PDGF kodiert, kennt man eine weitere Wachstumsfaktor-Familie, deren Mitglieder untereinander eine hohe Sequenzhomologie aufweisen. Hierzu gehören der bFGF und die Produkte der Onkogene int-2, hst und Kaposi.

Rezeptoreigenschaften haben die Produkte der Onkogene erbB, fms und ros. Das v-erbB Gen kodiert für einen verstümmelten Rezeptor, der homolog zum EGF Rezeptor ist. Ihm fehlt die EGF-Bindestelle und man geht davon aus, daß er konstitutiv eine hohe, nicht regulierbare, Protein(Tyrosin)-Kinase-Aktivität hat. Das Produkt des v-fms Onkogens ist homolog zum CSF-Rezeptor. Obwohl er noch in der Lage ist, CSF zu binden, läßt sich aber die intrinsische Protein(Tyrosin)-Kinase-Aktivität nicht mehr regulieren. Während das von v-ros kodierte Genprodukt homolog ist zum Insulin-Rezeptor, sind bisher keine Homologien für src, fes, fos und abl, allesamt in der Plasmamembran lokalisierte Protein(Tyrosin)-Kinasen, zu anderen Wachstumsfaktor-Rezeptoren bekannt. Da wir aber die Sequenzen aller Wachstumsfaktor-Rezeptoren noch nicht kennen, kann diese Frage nicht endgültig geklärt werden.

Die Signalübertragung von Rezeptor auf den Effektor, im Falle der Wachstumsfaktoren sind dies die Enzyme des Phosphatidylinositol-Metabolismus, geschieht in der Regel unter Beteiligung eines sogenannten Transducerelementes (Abb. 3). Hierbei handelt es sich um die G-Proteine, deren vermittelnde Rolle in einigen Fällen auch bei der Aktivierung des Phosphatidylinositol-Metabolismus durch

Localization

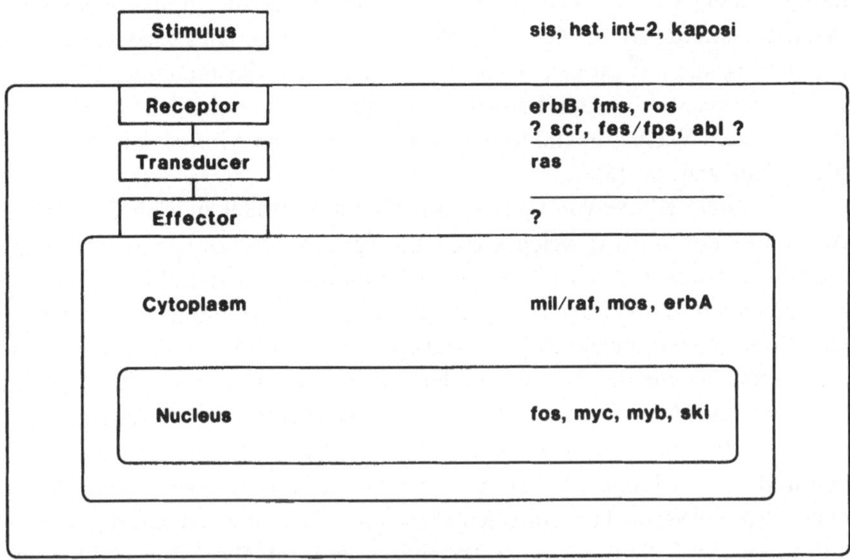

Cellular activities and possible function

Activities	Function	Oncogenes
Receptor-Tyr-kinase	PI-metabolism	fms
GDP/GTP binding	PI-metabolism	ras
DNA-binding	Transcription	fos, myc, myb
Related to growth factors	Receptor activation	sis, int-2, hst

Possible common denominator of growth factors and onc-products

Direct or indirect phosphorylation of cytoplasmic proteins

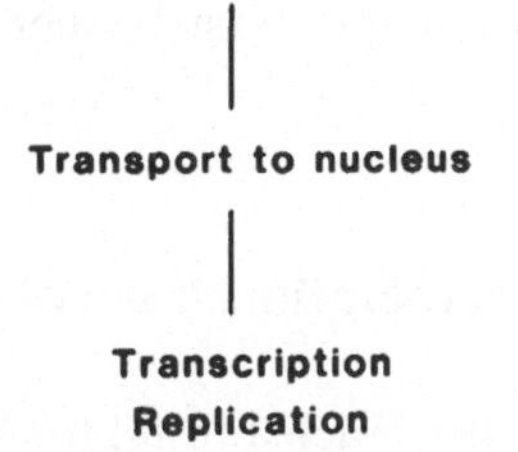

Transport to nucleus

Transcription
Replication

Abb. 3. Die verschiedenen Klassen der Onkogenprodukte (zur Nomenklatur siehe Referenz 7)

Wachstumsfaktoren nachgewiesen wurde. Die Genprodukte von Ki-ras, Ha-ras und N-ras haben einige Eigenschaften, die denen der G-Proteine ähnlich sind. Ras-transfektierte Zellen zeigen eine Stimulierung des Wachstumsfaktor-induzierten Abbaus von Polyphosphatidylinositol in subkonfluenten Zellkulturen. In konfluenten Zellkulturen kommt es hingegen zu einer Hemmung. Der Grund für diese, scheinbar gegensätzlichen Befunde ist nicht bekannt. Es ist jedoch denkbar, daß abhängig von der Zelldichte die Zusammensetzung und Konzentration von Wachstumsfaktoren im Medium unterschiedlich sind. Dies wiederum hat zur Folge, daß Signale auf exogen zugegebene Wachtumsfaktoren entweder positiv oder negativ verrechnet werden können. Über diese unterschiedlichen Wechselwirkungen zwischen Wachstumsfaktoren ist erst kürzlich eine interessante Übersicht veröffentlicht worden [5].

Eine weitere Klasse von Onkogenprodukten befindet sich im Cytoplasma. Mit Ausnahme der v-erbA, welches eine ausgeprägte Homologie zu den Steroidhormon-Rezeptoren hat, ist bisher keine Verbindung zu cytoplasmatischen Signalkomponenten, die bei der Induktion der Proliferation durch Wachstumsfaktoren eine Rolle spielen, bekannt. Dies liegt sicherlich daran, daß man molekular noch nicht versteht, wie das Signal von der Plasmamembran in den Kern gelangt. Die Tatsache, daß die cytoplasmatischen Produkte der beiden Onkogene mil/raf und mos eine Protein(Serin/Threonin)- bzw. eine Protein(Serin)-Kinase-Aktivität haben und die seit langem bekannten, durch second messenger aktivierten Enzyme auch Protein(Serin/Threonin)-Kinasen sind, läßt die Vermutung aufkommen, daß in beiden Fällen, bei der Zellaktivierung durch Wachstumsfaktoren und bei der Zelltransformation durch Onkogene, Phosphorylierungsprozesse eine Rolle spielen, die es Proteinen ermöglichen, aus dem Cytoplasma in den Kern zu gelangen und dort Gene zu aktivieren. Obwohl diese Hypothese durch eine ganze Reihe anderer Befunde gestützt wird, sind wir hier noch weit von einem Verständnis der zugrunde liegenden Mechanismen entfernt. Direkte oder indirekte Phosphorylierung, etwa durch Beteiligung mehrerer Kinasen, ist möglicherweise der gemeinsame Nenner, auf den die Wirkmechanismen aktivierter Onkogene und Wachstumsfaktor-induzierter Prozesse im Cytoplasma gebracht werden können (siehe Abb. 3).

Weitere Onkogenprodukte sind im Kern lokalisiert und haben eine regulatorische Funktion bei der Transkription (siehe hierzu den Beitrag von Rolf Müller in diesem Band).

Genaktivierung und Proliferationskontrolle

Sowohl im normalen Fall der Wachstumfaktor-kontrollierten Zellproliferation als auch im Fall der durch aktivierte Onkogene induzierten, malignen Zelltransformation kommt es nach Stimulierung zur Aktivierung der sogenannten frühen Gene fos, myb, myc und anderer. Die Transkriptionsprodukte tauchen nach unterschiedlichen Zeiten auf, meist innerhalb von Minuten, und verschwinden dann wieder. Wie im Beitrag von Rolf Müller in diesem Band ausführlicher dargestellt, dienen die Produkte dieser primären oder frühen Gene dazu, eine zweite Generation, die sekundären Gene zu aktivieren. Wie die primären und sekundären Gene angeschaltet werden, ist im einzelnen noch weitgehend ungeklärt. Die primären Gene erhalten das Signal zur Aktivierung, wie im vorigen Abschnitt angedeutet, möglicherweise durch phosphorylierte Proteine aus dem Cytoplasma, während die sekundären Gene die Produkte der primären Gene benötigen. Ob hier auch Protein-Phosphorylierung beteiligt ist, weiß man nicht. Zur noch differenzierteren Kontrolle der Genaktivierung böte sich ein solcher Regulationsmechanismus natürlich an. Die hier nur angedeutete Komplexität der ablaufenden Prozesse zeigt bereits, wie weit wir noch entfernt sind vom Verständnis der molekularen Mechanismen der normal ablaufenden Proliferation und Differenzierung und auch der bösartigen Zelltransformation.

Dies wird auch verdeutlicht durch die Tatsache, daß ein und derselbe Wachstumsfaktor, abhängig vom Zelltyp, diese entweder zur Proliferation anregen oder sie hemmen kann. Auch können sich die Wachstumsfaktoren untereinander ganz unterschiedlich in ihrer Wirkung beeinflussen. So kann TGFβ das Wachstum von Fibroblasten in Anwesenheit von PDGF fördern und in Anwesenheit von EGF hemmen [5].

Schlußbetrachtungen

Die Vielfalt, die sich bei der Wirkung von Wachstumsfaktoren auf die unterschiedlichsten Zelltypen abzeichnet, beschränkt sich nicht auf die Proliferationskontrolle, sondern schließt auch Differenzierung, Synthese und Ablagerung von Proteinen der extrazellulären Matrix, Entzündung und Reparatur von Gewebsschädigungen mit ein.

Es ist daher naheliegend, daß eine Überproduktion bzw. ein Überangebot von Wachstumsfaktoren oder eine Störung der durch diese Faktoren garantierten Gewebshomöostase auch zu pathogenen Entwicklungen führen kann. Es wird heute allgemein angenommen, daß dieser kausale Zusammenhang bei der Entstehung arteriosklerotischer Läsionen eine entscheidende Rolle spielt. In der Abb. 4 sind

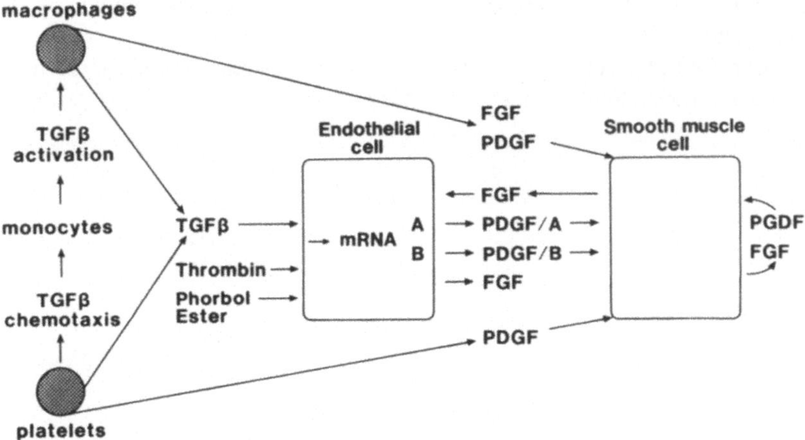

Abb. 4. Modell zur Wechselwirkung zwischen den Zellen der Arterienwand und des Blutes

die Prozesse zusammengefaßt, die nach der Schädigung des Endothels in Gang kommen und für die gesteigerte Proliferation der glatten Muskelzellen verantwortlich sind. Nach der modifizierten „Response to Injury"-Hypothese von R. Ross [6] können die Endothelzellen, ohne daß sie zerstört werden, durch vielfältige Einflüsse ihre Funktion ändern und z. B. Wachstumsfaktoren für glatte Muskelzellen synthetisieren und polar sezernieren, so daß es zu einer erhöhten Proliferation der glatten Muskelzellen kommt. Bei Schädigung des Endothels können Thrombozyten und Makrophagen, aber auch T-Lymphozyten (nicht in der Abb. 4 eingezeichnet) in den geschädigten Gewebeverband eindringen und ihrerseits Wachstumsfaktoren ausschütten, die dann zu einem massiven Wachstum wiederum der glatten Muskelzellen führen. Darüber hinaus kann, abhängig vom Grad der Schädigung, auch die Regeneration des Endothels negativ beeinflußt werden. Obwohl diese Vorgänge im einzelnen noch nicht völlig verstanden sind, zeigen sie jedoch, daß der Verlust der Gewebshomöostase auch zu pathogenen Veränderungen führen kann: wenn die Schädigung ein gewisses Maß übersteigt, dann kehrt sich die Funktion des Reparatursystems ins Gegenteil und es kommt zu massiven pathologischen Schäden.

Literatur

1. Deuel TF (1987) Polypeptide growth factors: Roles in normal and abnormal cell growth. Ann Rev Cell Biol 3:443–492
2. Dexter TM, Spooncer E (1987) Growth and differentiation in the hämatopoietic system. Ann Rev Cell Biol 3:423–441
3. Heldin CH, Betsholtz C, Claeson-Welch L, Westermark B (1987) Subversion of growth regulatory pathways in malignant transformation. Biochem Biophys Acta 907:219–244
4. Rozengurt E (1986) Early signals in the mitogenic response. Science 234:161–166
5. Sporn MB, Roberts AB (1988) Peptide growth factors are multifunctional. Nature 332:217–219
6. Ross R (1986) The pathogenesis of atherosclerosis – an update. N Engl J Med 314:488–500
7. Scherdin U, Hölzel F (1987) Interaktion von Retroviren und Onkogenen mit dem Zellgenom. Arzneimittelforsch 37:1312–1318

Nachwort und Ausblick

Weitaus mehr als die Hälfte aller Todesfälle in der Bundesrepublik Deutschland sind auf Erkrankungen des Herz-Kreislauf-Systems zurückzuführen. Die Arteriosklerose ist hierbei die wesentliche Grunderkrankung. Betroffen sind Herz, Gehirn, periphere Arterien sowie Nierenarterien. Das Schicksal dieser Systemkrankheit wird in erster Linie durch die Koronararterien bestimmt.

Obwohl bereits seit Generationen an der Aufklärung der Pathogenese der Arteriosklerose gearbeitet wird, sind wesentliche kausale Zusammenhänge immer noch unzureichend erforscht. Das hat natürlich auch Auswirkungen auf die Therapie und auf die dringend notwendigen Vorsorgemaßnahmen.

Die Grundvorstellungen zur Pathogenese der Arteriosklerose gehen auf Virchow, Rokitansky und Anitschkow zurück. Die Forschungskonzepte in den letzten Jahrzehnten waren weitgehend von der Lipoidtheorie Anitschkows bestimmt. Dieser hatte enge Zusammenhänge zwischen Cholesterinstoffwechsel und Arteriosklerose experimentell abgesichert, wobei bedeutende Chemiker wie Adolf Windaus und Rudolf Schönheimer an der chemischen Analyse atheromatöser Veränderungen beteiligt waren. Die Arteriosklerose des Menschen ist aber nicht allein auf Störungen des Lipidstoffwechsels zurückzuführen, sondern am Umwandlungsprozeß der Arterien sind vielfältige Prozesse beteiligt. Die ursprüngliche Konzeption von Virchow, daß den Arterienveränderungen primär zelluläre Veränderungen zugrundeliegen, wurde nun in den letzten Jahren wieder außerordentlich aktuell. Dies ist durch große Fortschritte in der Zell- und Molekularbiologie bedingt. Die Mechanismen zellulärer Kommunikationen bei der Ausbildung der Arteriosklerose können für die pathogenen Grundveränderungen wesentlich sein. Auch das Verständnis der Gefäßwandhomöostase wird dadurch erleichtert. Als wesentliche Elemente dieser zellulären Kommunikation haben sich die sog. Wachstums- und Differenzierungsfaktoren erwiesen. Die Migration und Proliferation der glatten Muskelfaserzellen werden von diesen Faktoren im wesentlichen bestimmt. Der Umbauprozeß der Arterien ist also einmal durch die Entwicklung von Atheromen, also von lipidhaltigen Polstern bestimmt. Darüber hinaus spielen sich zahlreiche zelluläre Veränderungen ab. Das dritte Element in der Entwicklung der Atherosklerose und der damit verbundenen Arterienverschlüsse sind Thrombosevorgänge. Damit wurden die Vorstellungen von Rokitansky wieder aktuell, die er vor über 100 Jahren entwickelte. Zelluläre Vorgänge, Atheromentwicklung, intramurale Thrombosen zusammen mit Veränderungen der Grundsubstanz bilden also die Matrix der Arteriosklerose. Diese ist also nicht die Folge eines rein degenerativen Prozesses oder eines Alternsvorganges, sondern es gibt zahlreiche Faktoren, welche den Wachstums- und Differenzierungsprozeß in der Gefäßwand auf zellulärer Basis beeinflussen. Wenn man die Pathogenese der Arteriosklerose von Grund auf beeinflussen will, so muß man diese Zusammenhänge verfolgen. Die gezielte Unterbindung zellulärer Faktoren, etwa durch spezifische Wachstumsfaktorantagonisten, könnte hier eine wesentliche Rolle spielen. Zugleich gilt es aber auch, die Vorgänge am Endothel der Gefäßwand zu untersuchen. Die Grenzflächen der Endothelien spielen bei der Entstehung von Primärläsionen der Arteriosklerose eine außerordentliche Rolle, und es ist bemerkenswert, daß zahlreiche der inzwischen isolierten proliferativen Faktoren die Funktion der Endothelien betreffen. Es ergeben sich hier Funktionsketten, die morphologisch gut zu verfolgen sind. Die in vollem Fluß befindlichen Untersuchungen berechtigen uns, neue Ansätze in der Bekämpfung dieser wahrhaften Volksseuche zu gewinnen.

Vor diesem Hintergrund fand am 26. Januar 1988 in der Heidelberger Akademie der Wissenschaften ein Expertengespräch statt zu dem Thema „Die Rolle von Wachstumsfaktoren und Onkogenprodukten bei Entstehung und Regression der Arteriosklerose". Hierzu waren Wissenschaftler aus den Bereichen Klinik, Zellbiologie und Molekularbiologie eingeladen. Ihre Beiträge sind in diesem Band abgedruckt. Aus der Sicht der Kliniker wurde einmal mehr deutlich, daß es an einer kausalen Therapie der Arteriosklerose mangelt. Man beschränkt sich derzeit im wesentlichen auf die Einschränkung von Risikofaktoren wie erhöhte Blutfette, Bluthochdruck, Diabetes und Rauchen. Die Notwendigkeit der Entwicklung eines neuartigen Therapiekonzeptes wurde von den Klinikern nachdrücklich unterstrichen. Ein solches Therapiekonzept muß von einem vollständig neuen Ansatzpunkt ausgehen, der die Erkenntnisse der Zell- und Molekularbiologie auf dem Gebiet der Kontrolle von Wachstum und Differenzierung einbezieht. Das Verständnis dieser Prozesse hat in den letzten Jahren, seit der Entdeckung der Wachstums- und Differenzierungsfaktoren, rapide zugenommen. Dies wurde in den Vorträgen über Eigenschaften, Wirkmechanismen und Funktion von bFGF, TGFß, PDGF und Onkogenprodukten überzeugend demonstriert. Die Homöostase der Gefäßwand wird garantiert durch eine komplexe Wechselwirkung zwischen glatten Muskelzellen und Endothelzellen einerseits und zwischen diesen Zellen und Zellen des Blutes wie Thrombozyten, Makrophagen und Lymphozyten andererseits. Die molekulare Grundlage dieser interzellulären Kommunikation bilden Wachstums- und Differenzierungsfaktoren. Hierunter sind alle Faktoren zu verstehen, die von einem Zelltyp sezerniert werden und auf einen anderen Zelltyp dieses Zell-Ensembles, in einigen Fällen aber auch auf die Producer-Zelle selbst, wirken. Jede Störung der Gefäßwandhomöostase führt zu einer Kettenreaktion von zellulären Aktivierungs- und Inaktivierungsprozessen, die das Ziel haben, die Homöostase wieder herzustellen. Gelingt dies nicht, weil etwa die Schädigung der Wand zu groß ist oder für die Reparatur entscheidend wichtige Faktoren fehlen, kann es zur Entstehung und Progression der Arteriosklerose kommen und kann auch die Regression nicht mehr gewährleistet sein. Die Ursachen für die Schädigung der Gefäßwand kann vielfältig sein, z. B. kann sie bedingt sein durch Risikofaktoren, aber auch eine Aktivierung von Onkogenen durch Carcinogene oder Viren in einer oder mehreren Zellen ist durchaus möglich.

Die Expertenrunde kam übereinstimmend zu dem Ergebnis, daß auf diesem Gebiet der Arterioskleroseforschung ein eklatantes Forschungsdefizit in der Bundesrepublik Deutschland besteht. Es wurde daher die Einrichtung eines interdisziplinären Forschungsverbundes vorgeschlagen, an dem sich Kliniker, Physiologen, Pharmakologen, Zellbiologen, Molekularbiologen und Chemiker beteiligen. Ziel dieses Verbundes soll sein, auf der Basis grundlagenorientierter Forschung neuartige Therapieansätze zur spezifischen und effektiven Bekämpfung der Arteriosklerose zu entwickeln.

Vorrangig sollten sich die Forschungsaktivitäten auf folgende Ziele konzentrieren:

1. Die Intaktheit des vaskulären Endothels ist eine wichtige Voraussetzung für die Aufrechterhaltung eines physiologischen Milieus in der Gefäßwand. Endothelschäden und Funktionsstörungen des Endothels gelten als aggressive Störfaktoren der Gefäßwandhomöostase und sind geeignet, pathologische Umbauprozesse der Gefäßwand zu stimulieren. Ein wichtiges Forschungsziel ist daher die Aufklärung der Endothelfunktion bei der Gefäßwandhomöostase, die *Wiederherstellung der normalen Endothelfunktion* nach Schädigung und die *Reendothelialisierung*.

2. Jede Störung der Gefäßwandhomöostase führt zu einer Kettenreaktion von zellulären Aktivierungs- und Inaktivierungsprozessen, die das Ziel haben, die Homöostase wieder herzustellen. Gelingt dies nicht, weil etwa die Schädigung der Wand zu groß ist oder für die Reparatur entscheidend wichtige Faktoren fehlen, kann es zur Entstehung und Progression der Arteriosklerose kommen und kann auch die Regression nicht mehr gewährleistet sein. Einbezogen in diese Prozesse sind Zellen der Gefäßwand (wie glatte Muskelzellen, Endothelzellen) und Zellen des Blutes (Thrombozyten, Makrophagen, Lymphozyten), die alle in der Lage sind, Wachstums- und Differenzierungsfaktoren freizusetzen. Ein weiteres wichtiges Forschungsziel bezieht sich daher auf die Suche und die Entwicklung von *Proliferations-Inhibitoren* (z. B. Wachstums-Antagonisten), die die Entstehung und Progression arteriosklerotischer Läsionen verhindern.

3. In vielen Fällen ist die Blutversorgung eines Organs trotz bestehender Gefäßstenose nicht beeinträchtigt, da die arteriosklerotisch bedingte Minderdurchblutung durch die Entwicklung eines Kollateralkreislaufes kompensiert wird. Durch Ausbildung funktionell wirksamer Kollateralen können die stenosebedingte Ischämie und ihre Folgen (Herzinfarkt, Nekrose) vermieden werden. Die Unterstützung bzw. Aktivierung dieses klinisch bedeutsamen Kompensa-

tionsmechanismus durch *gezielte Beeinflussung der Gefäßneubildung* (Angiogenese) ist ein denkbarer Weg zur Bekämpfung der Arteriosklerose und sollte daher intensiv untersucht werden.

Bei dem Heidelberger Gespräch wurde auch deutlich, daß wir in der Bundesrepublik über das nötige Forschungspotential verfügen, um die hier definierten Forschungsziele zu erreichen. Voraussetzung ist allerdings, daß unsere Aktivitäten in einem interdisziplinären Verbund koordiniert werden und daß sich alle wichtigen Forschergruppen und Institutionen an diesem Vorhaben beteiligen.

Freiburg und Heidelberg, Juni 1988   Prof. Dr. Dr. h. c. mult.
                                            Gotthard Schettler
                                            Prof. Dr. Dieter Marmé